住进英伦风的家

London Style

设计师不私藏的英美都市、乡村、LOFT风的家设计

齐舍设计事务所 著

南海出版公司

Content

目录

新经典文化股份有限公司
www.readinglife.com
出　品

家的空间美学
人的生活气味

生活是一场冒险，旅途中的点滴都会在未来发酵。我们曾经在英国留学，不只是学习设计，投入当地的生活也的确改变了我对生活和空间的很多想法。其实，英式居家和中国的住宅颇有雷同，房子都不大，但英国保留了许多传统，生活中处处可见新旧相融。尤其是在房子空间有限的情况下，细节处的细腻处理手法让人感受到他们对生活的用心。

英国给予我们收获最多的来自在当地的生活体验。每天看见、接触到的事物，持续滋养着我们的设计细胞，也为我们植入了英伦美学的基因。那段时间大量积累的英式美感及品位，都为我们的设计打下了深厚的基础。

另外，英国人的态度也给我们带来了冲击。我们回来后最常分享的其实不是"在学校里学到了什么"，而是"学校老师在学习上提供的自我成长与刺激"。在要求老师传授技能之前，要先看看你有什么东西，老师才会根据你的内容进行回馈。在这样的循环中，我们必须不断地提升自己，从被动接受信息者变成主动涉猎者。

回来后，我们把喜好投注在事业上，将在英国接触到的一切与大家分享。在台湾依然能享受到十足的欧美生活感，并将这些经验化为接下来的工作哲学。我们从事室内设计已经10年了，而能随时保持热情与活跃灵感的秘诀，在于定时旅居国外，每年至少出国一次并且停留2～4周。就是要用体验生活的方式去观察和感受城市，即使时间不允许，也要大量阅读，用文本代替眼睛浏览全世界！

营造感性氛围，落实人文底蕴

在空间设计上，因为我们喜欢在简单中见细腻，所以一直不做繁复的规划设计，而是利用天花线板、踢脚线板等小细节，像埋藏在空间里不起眼却无法遗忘的角落，静悄悄地铺散全房，默默地奠定出空间的细腻。再利用家具和装饰营造出空间氛围。

色彩也是家居设计中很重要的环节。居家空间大多以灰色调为主，灰色和任何颜色搭配都很合适，会让视觉变得宁静。只有在卧室会使用比较重的色彩。因为卧室空间大多不大，用色重一些能让空间变得有分量，视觉上也更活泼。

设计家，也设计生活

掌握了主要空间的设计后，其实我们大多鼓励房主们自主选购家具，而且事实上大多数房主也乐在其中。他们都希望能参与到空间设计中来。当然，我们也乐见其成，毕竟对家的参与度越高，对空间的认同感也越高。而这样的空间才能凝聚一家人的情感。

我们经手过的案例中，印象最深刻的是曾经有房主对我们说，房子装修前一家人情感很疏离，大家回到家就各回各房，各忙各的，孩子假日也不喜欢待在家中。但自从房子装修好，一家人都喜欢围坐在餐桌边闲聊日常琐事，孩子甚至开始喜欢在假日约同学到家里玩。看到房主愉悦的表情，当下的确有些激动，让我们觉得室内设计不只是一份工作，也回馈给我们无法用金钱衡量的满足感。

另一种感动来自房主对我们设计风格的肯定。我们的房主多半来自女性族群主导的家庭（针对装修这件事）。而可能原本喜欢极简风或其他风格的男主人，住进新家一段时间后，会回头告诉我们"这个家的风格，住得越久越好看"。在生活的过程中慢慢注入自己的味道，越住越有自己的模样了。

我们的设计风格其实紧扣着"生活"与"体验"，把家的结构简单化，给予居住者最大的自由，堆栈或彩绘属于自己的空间模样。因为我们熟悉的欧美居家风格，就是一个以人为本的空间设计，我们也期待能将这样的理念带给每个人！

齐舍设计事务所

Part

1

风格细节
DETAIL

Ceiling 天花

[白色天花＋简单线板　勾勒家的立体感]

最容易忽视的天花板，其实是很好利用的风格背景。建议以白色维持整体空间的素雅感，再挑选样式简单、与天花分属不同白色层次的线板搭配。无论什么风格都能轻松勾勒出家的立体感。

⬡ 01

point 1

平钉式天花，最不抢戏的背景

天花板设计以平钉式天花为主，造型刻划也仅在转角处收线板，做出简单而优雅的设计。搭配重点式照明，如主灯或嵌灯，没有复杂的层次和间接灯光，让天花板成为最不抢戏的背景。

point 2

白色天花，连贯空间场域

为了让目光集中在空间的立面上，天花板通常使用最百搭的白色，以配合地板和墙面的颜色。大面积的白色天花也能整合空间各部分的立面彩墙，让空间更有整体性。

point 3

明管天花，争取空间高度

当层高不高，即使设计成平钉式天花依然会占用空间高度时，不如让电线走明线，释放出走暗线而封闭的空间高度。搭配走线整齐、与天花板同色的管线，不但能保留层高，也能创造出个性的风格。

point 4

裸露梁，美感不打折

天花板不包梁，不仅能维持舒服自在的层高，也让外露的大梁成为划分区域的角色。如果能将梁转化为诠释风格的设计元素，巧妙融入空间之中，就能弱化大梁的存在感，令空间美感大幅上升。

<table>
<tr><td></td><td colspan="3">1</td></tr>
<tr><td colspan="3"></td></tr>
<tr><td>2</td><td>3</td><td>4</td></tr>
</table>

1 白色平钉式天花，搭配线板装饰就能诠释风格，也可以在天花与墙面的转角处沿线排列一圈立体造型的雕刻柱头，将宫廷古典风表现得十分到位。　**2** 在天花边缘以线板收边装点，可以增添白色天花板的典雅质感。收边的线板使用比底板略深或浅的白色，利用同色系的深浅拉出层次。●home15 p.230　**3** 天花板走明线简化灯管线路，并让线路走得整齐；管线与天花同色，就能创造出异国老房子般的优雅率真。●home10 p.160　**4** 为了弱化大梁横亘造成的压迫感，最好的解决办法就是赋予它另一种身份。在梁的尾端加上立柱，连同梁面上浅浅的线板，顺势制造出门廊的效果。●home10 p.160

Floor 地板

[木地板＋复古地砖　都市与复古风的百搭素材]

欧美风的地板材质大多以木地板和复古地砖为主。木地板因为木材品种多且可以染成或浓或淡的色泽，适用于各种空间风格。另外再搭配复古地砖等砖材，平衡配色，就能轻松为风格空间打底。

02

point 1
木地板的用色要比墙面更重

深色木地板能呈现空间的稳重感，浅色木地板则能让空间变得轻盈。在一深一浅的通则下，木地板的颜色要比墙面颜色更重，尤其当墙面用色的彩度低时，地板的颜色要更深沉。

point 2
大面积用木地板、局部用地砖，划分区域

木地板的温润质感，可通过不同的深浅与纹理，营造各种风格。所以，我们多以木地板为主，只在局部有特殊用途的空间，如玄关和厨房使用地砖，借此区分不同空间的属性。

point 3
超耐磨木地板，实用又百搭

考虑到气候和房主的生活习惯，超耐磨木地板是很好的选择。它具有耐磨、防污、防潮、免打蜡等特性，木纹的仿真效果好，且卡榫式的设计简化施工，是非常亲民的地板素材。

point 4
木地板大或小块拼接，决定风格浓度

如果要强调质朴的空间调性，木地板可以小块拼接，并以丰富的纹理为主，V字型等造型更能营造出复古氛围；如果想呈现美式都市的简洁感，则可以选择宽版拼接，营造出纯净无缝、几近石材的效果。

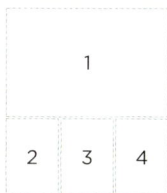

1想要赋予空间浓郁的乡村风，木节鲜明、肌理粗犷的木地板是不可或缺的元素。木头材质本身自然温润，比复古地砖更能制造温度。●home14 p.214　2局部地板使用瓷砖拼贴，可以"跳"出不一样的味道。玄关使用黑白瓷砖搭配斜贴木地板，制造出复古摩登感。●home01 p.030　3一般，长条木地板的拼接都与入口平行，但在处理狭小空间时，采取45度角斜贴的方式，可以扩展空间感，拉宽视野，化解空间的狭长感。●home03 p.062　4两块交叠的人字型或是两块切齐的V字型地板，诠释出颇有历史韵味的风格，再配以深浅交错的拼接手法，搭配老家具，道出浓厚的人文底蕴。●home10 p.160

1		
2	3	4

Wall 墙面

[多彩涂料＋石材、瓷砖　为风格立面定调]

在铺就大面积的墙面时，我们常以大量不同颜色的墙面漆和在重点
墙面点缀以少量的马赛克、瓷砖、大理石、文化石、壁板等素材，
营造出优雅又略带复古的空间氛围。

03

point 1

漆料选择多，最容易塑造风格

我们大多使用涂料作为墙面的基础建材，并且一定选择环保墙面漆。建议使用电脑调色漆。这种墙面漆颜色多、调色快，可以通过电脑设定精确调色，每种颜色都有对应的电脑色号，未来要补漆时很容易找到相同的颜色。

point 2

石材、砖材，用在重点墙面

整个空间只选择一面墙作为塑造风格的重点，再局部使用特殊材料，如文化石、大理石等，其余墙面涂刷墙面漆来强调风格。拿客厅主墙来说，如果墙面够宽则可以使用三分法；如果墙面较小，则可以一半刷漆，一半铺石材或砖材。

point 3

墙面铺砖，不只使用一种砖材

厨房砖的种类（亮面或粗糙面）要依据风格选择，颜色则要与厨具形成对比；浴室干区可在上半段使用涂料，下半段铺砖；如果整间铺砖，则以收边或腰线的方式使用两种以上的砖材搭配。

point 4

素色壁板，修梁或平衡视觉

使用壁板通常都出于一定的目的，修梁就是其中之一。修梁不但可以消减梁的存在感，还能制造出柜体直达天花的空间感。另外，当空间中某些墙面颜色的彩度较高时，也可以利用浅色壁板来平衡视觉效果。

	1	
2	3	4

1我们常用的乳胶漆中含有胶，具有抗裂性，现在还加入了很多特殊的成分，除了环保，还具有防霉、抗菌、耐脏污的特点。●home05 p.088　**2**运用文化石作为电视墙主体，上漆时刻意染上些许红褐色，制造出烟熏效果；两侧搭配深咖啡色的墙面，强化空间的稳重感。●home08 p.132　**3**浴室的壁面以石材和玻璃马赛克两种材质错落拼贴，整面铺贴等距大小的长条小砖，拉宽了墙面的视觉效果，在光影与水波的映照下，在墙面上制造出流动感。●home01 p.030　**4**以白色壁板包覆梁，不但可以弱化梁柱量体，连贯向下的落地书柜也是在运用同一种线板元素，融为书柜的一部分。●home10 p.160

Cabinet 橱柜

[开放式书柜＋活动柜体　为家融入人文底蕴]

其实无论面积大小，都可以创造出英美、都市或复古的风格调性。
只要在空间里安排直达天花的开放式落地书柜，再加上相应风格的
活动式家具，就能为空间融入人文底蕴。

04

point **1**

开放式落地书柜，扩展空间感

开放式落地书柜是我们最常用的柜体手法，既能满足收纳需求，又能拉高空间比例。光是整个书柜就能变化出多种形式，比如加个爬梯，就能制造出图书馆氛围；柜体之间加立柱，挂上壁灯，就能营造出老欧洲情调。

point **2**

至少一个木制柜，搭配风格家具使用

在一个空间中，至少要有一个木制柜来满足收纳需求，其余可以用活动柜进行点缀。活动柜不但赋予空间更多的弹性，在柜体的选择上，也更方便组合成符合空间调性的样式。

point **3**

喷漆门板主都市；木皮门板主沉稳

常用的橱柜门板处理方法有喷漆和木皮这两种，不同的处理方法能制造出不同的风格效果。喷漆多用在简约、现代、都市风的空间，如果主调是成熟稳重或乡村质朴，则多使用木皮处理。

point **4**

柜体与墙面异色，增加层次感

如果是开放式书柜，柜体和底墙使用不同的颜色，能让柜体看起来更立体；而书柜底墙和墙壁选择同色系但不同色阶的颜色，既能形成整体感，又可带出些许层次。

1		
2	3	4

1整面落地书柜，加上轨道式滑梯，营造出犹如置身图书馆般的知性美感；即便是门片柜体，也因为设置了木梯而能充分利用最上方的空间。●home02 p.046　**2**客厅设计了白色的落地书柜，而餐柜的部分则选择了黑色的活动柜，黑白相衬，糅合成都市又时尚的空间调性。●home03 p.062　**3**开放式格柜的设计能降低整面柜体带来的压迫感，通过大小格距的等比安排，展现工整规律的风格诉求，特别是深色的胡桃木板材，更显沉稳雅致。●home06 p.102　**4**为了突显白色书柜的立体感，特意选择较深的底墙颜色，让柜体轮廓鲜明。底墙虽与墙面同属于抹茶色，但运用细微的深浅差别，让柜体面更加立体。●home05 p.088

Color 色彩

[灰色调＋一间一色　丰富的色彩让空间更精彩]

空间的颜色必须结合多种元素，不能是单一颜色与单一墙面的呈现，而应全面纳入采光、面积、个人喜好等，善用颜色的深浅浓淡变化和调色配比，才能创造出风格十足的有型居家。

05

point **1**

一间一色，空间最精彩

让每个空间都拥有自己的颜色，能够丰富房子的生命力。各空间的用色以区域来划分，一个空间一个颜色，再以门框或门板作为缓冲，并用天花板的白色串连，形成视觉上的整体感。

point **2**

加入灰色调，耐看又舒适

太高彩度的房间容易使心情浮躁且不耐脏，不适合长时间居住在内。我们虽然主张丰富用色，却更重视身处其中的感受。所以，我们使用的颜色都加入了灰色调，以降低空间的彩度，平衡视觉也更耐看。

point **3**

公共空间以大地色为主

公共空间属于全家人，一定会用淡雅色，如白色或大地色。尤其是大地色，与任何颜色搭配都很协调。私人空间的用色则以居住者的喜好为主，但会寻找彩度较低的相应颜色。

point **4**

在采光明亮处设置深色空间

暗色系能沉淀情绪、营造放松氛围。但深色会吸光，使用深色的空间一定要光线充足。光线的变化也能间接左右空间的色温和氛围，所以，在空间中使用暗色时搭配良好采光，空间就不会显得阴暗狭小。

	1		
2	3	4	

1从客厅的奶茶色、餐厅的浅绿色到厨房的天空蓝，以白色天花连贯3种颜色，以门框分界和缓冲，丰富空间的色彩层次，兼顾协调美感。●home08 p.132　**2**使用深灰蓝的墙面和黑色的柜体作为空间背景时，使用缤纷的颜色活化空间，用金属亮面的材质点缀空间，都能达到画龙点睛的效果。●home01 p.030　**3**深色空间使用同色系的深浅搭配是最好的配色处理。主墙面使用深色的咖啡红，为了不让房间显得过于深沉，在其他墙面则使用浅紫，缓和主墙面的色彩浓度。●home08 p.132　**4**高彩度与高饱和度的颜色用在儿童房最合适，但考虑鲜艳颜色的刺激性较大，小面积使用和不整面墙涂刷是关键。●home14 p.214

Door & Window 门窗

[折门＋格子窗＋木百叶　用门窗表达空间趣味]

室内的门与窗大多兼具隔间的功能，同时又是展现风格的设计手法之一。温润的木门可以增添风格美感，结合玻璃可以让空间拥有更棒的视野和采光；木百叶和格子窗是经典元素，会让居家更有温度。

06

point 1

经典折门（窗），造型与功能兼备

英美式空间大多使用开放式，但在必要时，我们通常会使用折门区隔。折门不但是经典手法，其隔音效果也远超拉门。而且，折门可以完全折叠，打开时同样能实现开放空间的效果。

point 2

法式对开门，优雅的门扇形式

除了折门之外，法式对开门（Franch door）也是一种经典的门。特别是用在走道上时，两片狭长的门扇，不但拉高了空间比例，对开门的方式对使用者来说也别有一番戏剧效果。

point 3

格子窗＆百叶帘，可田园可都市

格子窗常用在玄关与客厅或书房与客厅之间，既显得空间通透，又能保有隐私。格子比例大，会显得更都市风；比例小，则田园风的表情更浓一些。此外，百叶帘也常与狭长窗型结合，营造出家的静谧气息。

point 4

拱门造型抢眼，修梁又界定空间

拱门是欧式建筑的经典元素。除了用来修饰大梁，它的线条造型和白色的颜色又可以分隔空间，尤其是用在从公共空间进入私密空间的过道上或客餐厅之间时，可以作为过渡和缓冲。

1	2
3	4

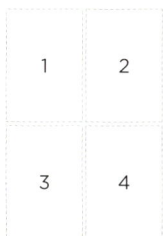

1 玻璃折窗兼具通透效果与隔间功能，下方亦可设置柜子增加收纳功能。如果希望保有私密性，则可以用木百叶折窗代替。　**2** 运用门框制造出一进又一进的层次感，对开门的构造拉出狭窄走道的空间气度。●home02 p.046　**3** 书房与客厅之间的格子窗，不但让空间拥有通透的视野与良好的采光，小块的格状分割也为空间注入休闲况味。●home13 p.198　**4** 圆弧拱门造型设在客厅与餐厨之间，修饰掉大梁，也暗示了空间的划分。●home05 p.088

Furniture 家具

[美式简约休闲、欧式繁复典雅　大小面积皆优雅]

欧美或乡村风的家具各有不同的特定元素，即使混搭重叠，也不成问题。运用不同材质、类型的家具，比如木家具、布沙发、主人椅、长板凳等，成对或不成套，都能营造出空间的格调。

07

point 1

双人或三人沙发搭配单椅，风格更聚焦

客厅的家具配置，原则上是双人或三人沙发搭配单椅。沙发以线条简约、素色的款式为主；单椅可以挑选造型独特、花色抢眼的样式，作为风格焦点。不成套的沙发还可以弱化大型家具带来的压迫感。

point 2

抓住统一元素、色系，呈现整体感

家中各区域可以采购不同样式的家具搭配，制造丰富的空间观感。但是，所有家具都必须具有共同的特色，包括形式（如雕花、滚边之于细腻；直线之于简洁）与家具颜色，有一致性才不会显得纷乱。

point 3

掌握美式、欧式、乡村风、Loft风家具的经典特色

美式家具大多尺寸较大、形体厚实，呈现出时髦大器的风范；欧式家具尺寸较小、线条较繁复，拥有优美典雅的质感；而乡村风家具重在简约和原木质感；Loft风则具备工业金属和刷旧斑驳等特色。

point 4

木制餐桌椅，诠释自然典雅

餐桌椅大多使用木制品，营造出温馨闲适的视觉效果。通常，大空间使用较有存在感的布椅；小空间则选用椅背镂空、穿透感强的款式。而餐桌短边则摆放不同高度或样式的餐椅，表现空间趣味。

1	

2	3	4

1 当空间背景采用深色系颜色时，家具必须选择更重的颜色，才能平衡空间的轻重感。代表整体风格的三人沙发，选用钉扣皮革诠释旧时光的韵味；担任抢眼角色的单椅，以利落的现代设计令人眼前一亮。●home01 p.030 **2** 厚实的沙发、繁复的椅脚线条、板车改装的茶几，虽然风格特色不同，但使用相近色系而显得非常和谐。●home10 p.160 **3** 欧式家具除了尺寸较小，还会在小细节上颇费心思，譬如在椅脚加装小轮子等。●home05 p.088 **4** 软垫座椅有一定的视觉分量，搭配穿透式的椅背设计，让整张椅子轻巧不少。●home07 p.116

Fabric 织品

[棉麻织品＋局部跳色　纯粹空间里的轻装饰]

在追求空间纯粹的欧美风之下，大面积的织品也可归于质朴。以棉麻或大地色为主，并少量选用多彩或图腾图案的抱枕、单椅作为跳色，不失为空间里的优雅点缀。

08

point 1

大地色系与棉麻织品，留给空间纯粹的调性

为了维持空间的简约调性，大面积的织品如窗帘和沙发布，在颜色上以素色或大地色为主，材质上则选择丰富有层次的织法织就的布料，其中以棉、麻材质最能表现纯粹、干净的风格质地。

point 2

多彩或图腾抱枕，点缀局部空间

抱枕可以用在沙发或窗边卧榻等位置作为局部跳色。要想强调空间的冲突美感，可选择在沙发或座椅处使用对比色或图腾图案；也可以在定制沙发时挑选相同织纹但颜色较深或较浅的抱枕，让空间呈现出沉静的韵味。

point 3

小块地毯比满铺地毯更适应台湾的气候

一般欧美风的空间会使用地毯来增添温暖的触感，但考虑到台湾的气候较为湿润，且地毯可能成为过敏原，所以以局部使用的小块地毯就比全房的满铺地毯更适合，而且在清洁与保养上也更方便。

point 4

少量格纹、条纹、碎花，活泼家的层次

在大面积的沙发多为棉麻布料或皮革质地的情况下，两侧的单椅就不必太过拘泥于素色或棉麻，反而可以适度地使用较中性的格纹或条纹，较女性或乡村风的碎花布料，创造空间的多元层次。

1 即便空间中已有一面文化石墙作为风格焦点，其余墙面虽不抢镜，但仍要维持质感高度。窗户面选择以透光纱帘与棉麻质地的布帘作点缀，在不同层次中激荡出协调的美感。●home09 p.146 2 运用多彩抱枕和座垫，带动空间的活泼气息。特意选择多层次线条的图腾与俏丽的花色，与背景的沉稳低调形成鲜明对比，凸显热闹与个性气息。●home01 p.030 3 在强调纯净无瑕的空间中运用纯手工制造的波斯地毯，营造出颇具异国情调的空间韵味。●home15 p.230 4 在黑白基调创造出的时髦都市调性之下，一张黑白碎花单椅反而更能创造视觉焦点。●home03 p.062

Light 灯饰

[雾面灯罩＋烛台吊灯　低调中见复古华丽]

灯具扮演了空间中画龙点睛的角色，种类多元，容易入手，更能创造情境氛围。最常使用的是立灯、台灯、吊灯与壁灯。至于风格样式的选择，简单来说，可以通过灯罩和支架的材质来判断。

09

point 1

立灯拉高视觉高度；台灯提供放松氛围

立灯与台灯最常用来与沙发或单椅搭配。台灯可以满足各个角落的阅读照明需求，同时营造出放松的氛围。立灯则通常放在座椅的一侧，除照明外，更能拉高空间的视觉高度。

point 2

雾面灯罩、铸铁支架，质朴却百搭

一般来说，雾面灯罩能营造出低调的氛围，而亮面灯罩则能形塑时尚的调性。两者交替使用，更能丰富家的维度。如果空间风格偏向温暖乡村风，那么布罩灯或是较粗的铁架灯具最适合。

point 3

小巧壁灯对称摆放，制造秩序美感

线条略为古典且小巧的壁灯，用在走道两侧或端景时，壁灯照亮墙面会产生膨胀的效果，可以消弭廊道的冗长感；用在书柜立柱、挂画、书柜上方、洗手台镜面两侧时，通过对称排列还能创造出秩序美感。

point 4

用吊灯创造空间风格的主视觉

吊灯，是空间的主要视觉，为每个区域塑造焦点。在客厅或餐厅中，我们常用烛台吊灯取代华丽的水晶灯，营造出低调的复古氛围和贵族气息。吊灯悬吊的高度越低，聚焦和聚光的效果越明显。

	2
1	3
	4

1 挂画射灯除了装在墙上照亮画作，也常用在书柜上方。不但能为取书提供照明，还能赋予整个书柜以知性美，营造出中世纪图书馆的味道。在沙发与单椅之间摆一盏立灯，光线经过折射后变得自然舒适，布灯罩也使光源更加柔和。●home13 p.198 **2** 在玄关装上一盏灯，可以确定玄关的区域，消弭小区块或长条型空间的狭隘观感，凝聚视觉焦点，也提升空间亮度。●home01 p.030 **3** 壁灯照亮墙面，自然拉大走道的视觉效果，而铸铁油灯的造型，让人仿若置身于欧洲街道，赋予空间异国情调。●home13 p.198 **4** 烛台吊灯繁复的线条造型与多盏小型烛台，同样能营造出如水晶灯般的华丽感，创造出视觉焦点。●home03 p.062

Flowers & Plants 花草

［球状插花＋多叶盆栽　家的第二个色彩亮点］

盆栽与花艺是打造欧美风的加分元素，能提升空间的温度，调节紧张的生活步调。悠闲惬意的气息会充盈于空间中，甚至能改变空间的单调感，让空间变得生意盎然、鲜艳亮眼。

⑩

point 1

盆栽绿意制造视觉层次与温度

如果空间家具的线条较低矮，可以通过不同高度的盆栽拉出整体空间的线条层次。高低不一的盆栽不仅能在空间中制造出鲜明的层次美感，繁茂绿叶的中性颜色也容易与各式空间相融，增添家的温度。

point 2

角落、台面多处摆放，随处皆可营造绿意

大型盆栽大多放在角落，以不影响行走为原则。而小盆栽和插花多放在桌面和台面上点缀，以多处摆放为原则，放在家中的各处平台上，让家处处有生气，充满小惊喜。

point 3

花束要选择缤纷多彩、多球面的品种

盆栽、插花的使用法则与抱枕相同。当空间整体属于暗色时，花束要选择颜色"缤纷多彩"的，花朵要选择"一小丛、一小丛，由很多小花组成的多球面"的品种，制造出聚焦的效果。

point 4

大型盆栽以绿叶繁茂为主

在选择盆栽时，无须强调植物的形体与枝干的线条，也不必重视盆景艺术。大型盆栽大多选用绿叶繁茂的橄榄树和鹅掌木；摆放在厨房的小盆栽常选择香草类或多肉植物。

	1	
2	3	4

1家具的线条低矮，会让视野变宽阔。一定高度的盆栽能拉出整体空间的线条层次。在角落的鹅掌木不仅为客厅制造出鲜明的层次美感，繁茂的绿叶也和家具色彩相融合，让空间多了生气与温度。●home04 p.076　**2**花草是营造绿意，装点自然的重要元素，可以放在窗台、吧台和角落，创造生活情趣。●home02 p.046　**3**混搭的花朵和强烈的色差，由一小束合成一小团，制造出多层次的视觉效果。●home01 p.030　**4**在玄关摆放橄榄树，不但界定出区域属性，还让一进门就能看到放松休闲的居家调性。●home15 p.230

Part

2

—

家的设计提案
SPACE

Chapter1
时尚雅痞 Modern&Discerning
—

Chapter2
迷人优雅 Charming&Elegant
—

Chapter3
复古混搭 Antique&Mix
—

Chapter4
温暖可爱 Warmth&Lovely

以复古家具、人字型拼贴
地板、大理石壁炉、金属
书架，构筑现代又复古的
英伦风居家。

灰蓝底蕴&复古老物件，
老房子里的英伦风大人味

意外找到这间极老的房子，但就是它的老，
让我们借着老旧的底蕴，将对家的想法一一实践。
等了半年的繁复雕花大理石壁炉、定制的金属书架，
接纳饱满光线且有着采光罩的餐厅、工法复杂的人字型拼贴地板，
展现出十足的英伦风。

Bathroom · cabinet
镀铬把手

8
Bedroom · floor
短毛块毯

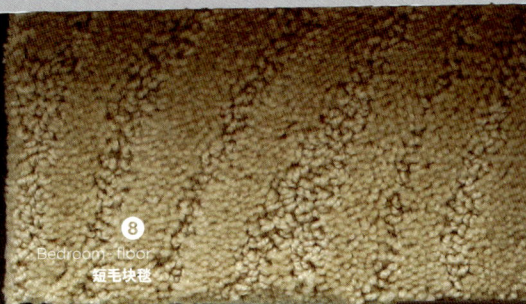

Bathroom · wall
灯笼马赛克砖

7
Bathroom · wall
银狐石马赛克砖

Bathroom · floor
蛇纹石马赛克砖

Kitchen · floor
黑白根石马赛克砖

全房 · Wall
踢脚线板

6
Kitchen · floor
艾米亚印花砖

❺
Living room · floor
胡桃木实木地板
V字型拼贴

❹
Bathroom · floor
卡拉拉白大理石

❶
Bedroom · wall
Stratosphere

❷
Bedroom · wall
Wilton Blue

❸
Living room · wall
Evening shadow

风格素材计划 I
Stylish plan

——— Color ———

❶ **藕色** 主卧墙面选用藕色，回归祥和日常感。
❷ **浅蓝色** 迎合成长中的孩子的活泼气息，选用蓝色墙面给儿童房带来活力。
❸ **灰蓝色** 灰蓝中带着紫色的墙面，属于偏阳刚的色彩，将现代与复古融合得恰到好处。

——— Material ———

❹ **卡拉拉白大理石** 室内大量运用卡拉拉白大理石，厨房和主卧卫生间都可见到，以点缀手法带来些许奢华感。
❺ **胡桃木实木地板（V字型拼贴）** 刻意不另外上漆，只上油，保持原木质感。
❻ **艾米亚印花砖** 为了方便清洁厨房灶具的地面，铺上了印花砖，营造出地毯的视觉感。
❼ **银狐石马赛克砖** 浴缸主墙特别选用亮面与雾面交替的马赛克砖，制造出波光粼粼的视觉效果。

——— Furnishing ———

❽ **短毛块毯** 卧室为欧式古典基调，为呼应朴素的背景，选用米黄色块毯，增加空间的温暖感。

风格素材计划 2
Stylish plan

———————— Furniture ————————

❾ 工业风吧台椅 经典款式，线条简单，银色中带有些许雾面金属，适合用于衬托深色墙面。

❿ Serge Mouille 不对称吸顶灯 空间设计上希望带有古典风，于是利用不对称的灯具制造出与古典风在空间上的微妙平衡。

⓫ Artemis 探照式立灯 带有时代感的立灯，区别于其他现代造型的家具，呈现出充满历史感的居家氛围。

⓬ 皮革纹理茶几 特色在于茶几本身塑造出的非桌体的感觉，表面特别缝制了皮革纹理，平时也可作为脚凳或矮凳使用。

⓭ Chesterfield 英式皮革钉扣沙发 经典款英式风格沙发，表面缝制的钉扣让整体看起来分量十足，也让空间散发出些许老旧风情。

⓮ Ralph Lauren 麂皮扶手单椅 用单椅衬托出跳色的搭配，现代简约的设计，与整体空间中古典与现代并存的风格相呼应。

❾
Kitchen
工业风吧台椅

❿	⓫	⓬	⓭	⓮
Living room	Living room	Living room	Living room	Living room
Serge Mouille 不对称吸顶灯	**Artemis 探照式立灯**	**皮革纹理茶几**	**Chesterfield 英式皮革钉扣沙发**	**麂皮扶手单椅**

Home Data

台北市·二手房
大楼·79.34 平方米
房主夫妻和儿子·室内设计师

入门前得先走过一条细长走道，
穿过玻璃灯罩缓缓吐露的光芒，颇有风情。

OI
home
老房子、老家具、灰色调
展现时尚复古风

身为室内设计师，在装修自己的房子时可以尽情挥洒，大胆运用多种风格手法，平时鲜少实践的设计想法都能在自己的家中一一实现。

这套老房子原本是毛坯房，前房主打算重新装修后再出售，所以，室内原有的装修已全部拆除，为我们节省了拆除步骤。整栋建筑是一层一户的设计，从电梯口到入门处都是该层房主专属的空间，可以自由运用。这让家能够在风格上拥有完整性。于是，我们从电梯厅开始设计，既与室内的设计风格形成呼应，又是后者的延续，深化空间的风格印象。

浓厚复古氛围的时尚感

从购买到设计完工，足足花了3年的时间，因为我们对这个新家抱有许多期待，而很多东西不经过等待就无法获得。如客厅的卡拉白大理石定制壁炉，是当初去法国旅行时看到过类似做法，回来后自己画图设计，与师傅讨论·修改，花了半年的时间才完成的。除了等待物件到位，我们还使用了许多在其他案例中看不到的风格元素。

客厅书柜即跳出一般木制柜的手法，改以特别定制的金属架形式，为老旧的房子注入活力与现代感。此外，选用了银匠设计师赛尔格·穆伊勒的（Serge Mouille）三臂蜘蛛灯作为客厅主灯，如艺术品般的特殊外型，分外引人注目。3支独立的灯臂采用非等长的设计，可以自由地调整为上下向与斜向的光线角度，展现丰富的光源变化。刻意在古典空间中融入现代元素，在充满对称的客厅中注入一股不平衡的设计张力，与复古怀旧的空间氛围相映成趣。地板采用人字型拼贴手法，自然地展露出欧式复古风情。斜纹走向为空间营造律出动感和秩序美，而且能化解小户型的局促感，展现欧式风格的宏大器度之外，更道出了着重于空间细节的美好。

1 英式拉扣皮革沙发、角落的怀旧探照灯、以及带着优雅感的灰蓝墙面，处处烘托着欧洲贵族的气韵。2 量身定制的金属书架，为一整面深灰蓝色的墙面注入轻盈感，光亮的质地也突显质感。3 坚持在大理石上雕出壁炉，才让制作期变长，足足等了半年。

餐厅延续了客厅的灰蓝色墙面，还选用了纯黑色的橱柜，突显都市个性。

Judy's Ki

1 厨房工作区使用瓷砖做地毯拼花，除了方便清理，也通过不同材质的地砖间接对开放式空间进行分隔。2 面对采光不足的厨房，与厨房相邻的餐厅使用了采光罩，能大幅度地引光，也制造出空间延伸感。3 在全黑的橱柜背景之下，选用具有金属质感的银色椅凳，强化暗色空间与金属材质的冲突美感。

选择家具时，为了呈现复古氛围，特别选用了英国 Chesterfield sofa 的皮革沙发与圆形茶几。比起常见的长形茶几，圆形茶几又多出几分圆融意象。再搭配复古造型的黄色细绒沙发，其金属扶手与同样带有金属材质的书柜相互呼应。在暗色系的空间中跳出光亮材质，是古典与现代并存，也表达出新旧交融的概念。空间墙面以灰蓝色为主调，留白的部分不做任何装饰，以纯粹的空间彰显家具的迷人细节。

tips.1 **中岛厨房适合什么样的抽油烟机？**
开放式的中岛厨房在选择抽油烟机时，应特别注意造型、色彩和功能。深色调厨房可以选用黑色或黑灰色；浅色调厨房则可选用不锈钢的原色。一体成型的漏斗式抽油烟机，在造型上较为利落，也方便清洗。功能则视厨房的大小而定，一般7平方米左右的厨房，选择功率为120W的机型即可。厨房面积越大，抽油烟机的功率也要越大。

Judy's Kitchen

tips 1

Judy's Kitchen

阳光餐厨是全家人的最爱

因为喜欢烹饪，所以厨房是全家人的生活核心，家人的互动也都由此展开。于是，特意将厨房设定在公共区域的中间点，以此串联餐厅与客厅，家人的情感也在这L型的动线上自然流动。

在厨房用色上，使用全黑橱柜搭配白色大理石，塑造出都市感。餐厅紧邻着厨房，以采光罩和大面窗户迎接最充足的光线入内，这也是全家最常待的角落。采光罩和大面的窗户窗框皆漆以黑色，对应法式乡村风的白色大木桌、黑色温莎椅，以及卧榻上的多彩抱枕，为空间注入放松与休闲的调性。另一个表达个人风格喜好的地方是主卧。借由利落的英式四柱床展现经典而尊贵的气息，让设计简单的卧室有了主角，同时也对应线条简单的边几与单椅，优雅静谧不言而喻。特别选用了经过简化的柱体造型，不但不会造成压迫感，向上延伸的线条也让空间显得更高挑。

1 餐厅窗外的树景是特别栽种的风光，不但赋予室内更多绿意，也可以保有私密性遮蔽来自对面的视线。2 利用玻璃马赛克砖搭配典雅水晶壁灯，卫浴空间呈现出淡淡的法式情怀。3 主卧卫生间在墙面与地面分别使用白色和黑色的风格砖，形成黑白对比，个性之余透出低调的奢华。

1 背景单一的主卧，造型特殊的四柱床增添了不少风味。2 儿童房特别设计了一面黑板墙，用于展示和保存孩子的美术作品。

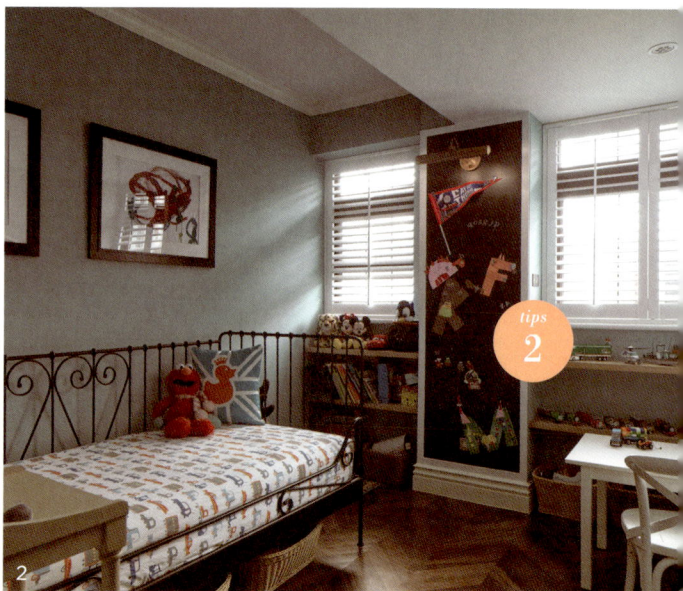

tips 2

tips.2 窗台下方以层板代替柜子

为了节约空间，窗台下方不另外购买或定做柜子，而是装设层板。层板可以收纳琐碎的小物件，如玩具、绘本等。层板最下方则是藤编篮，正好可以收纳较大的杂物。

You can do this, too!

你也可以这样布置！

DO THIS / 1

为心爱的厨房挂上专属招牌

对于爱厨艺的女主人来说，厨房就是她的专属领地。于是，我们在厨房的上方挂了一个牌子"Judy's Kitchen"。这块从国外定制的金属板材质的牌子强化了风格质感，也展现了空间的趣味性和生活感。

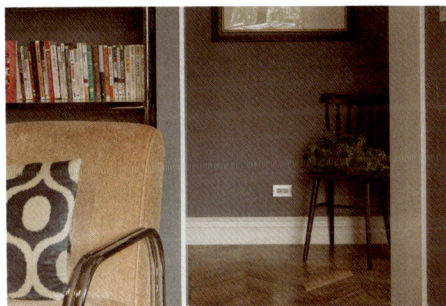

DO THIS / 2

在角落处适当营造端景

其实，居家最美的地方不一定是整体大空间，反而是随意的角落，拥有小小的美好。在转往房间的拱门前，特意摆放了一张椅子和一盆植物，搭配墙面的画作，角落风光简单却甜美。

DO THIS / 3

大处低调，小处缤纷的色彩搭配

当定出全房大面积的主色后，就可以在局部点缀对比色做出跳色效果，丰富视觉层次。空间主调设定为灰蓝色，所以选择深粉、土耳其蓝、深灰、浅蓝等颜色的抱枕，再加上多彩的团状花束，在低调的色彩中创造出缤纷意象。

中岛厨房&双书房，
重现儿时回忆里的美式居家

曾久居美国的房主，对于美式居家再熟悉不过。
有了新家之后，自然希望延续这份对家的旧有记忆，实现对家的期待。
于是，女主人梦想的中岛厨房用来串联一家人的情感，
男主人拥有一方小天地用以工作和休憩，独享个人时光。

黑色的木制玻璃窗框轻巧地区隔了客厅和书房，造就出分明的空间层次，品位存于其中。

风格素材计划 I
Stylish plan

———— Color ————

① **奶茶色** 书房的大片立面为白色书柜，梁柱则选用比白色略深的奶茶色，展现空间层次。

② **水蓝色** 白日的水蓝色看起来舒爽，夜晚则多了分优雅，日与夜展现出不同的空间风貌。

③ **湖水绿** 轻巧的湖水绿，活泼中带着绿色独有的祥和感，非常适合用于儿童房。

———— Material ————

④ **石材马赛克砖** 局部点缀，创造欧风典雅的轻松家居感。

⑤ **黑白六角马赛克砖** 营造 Loft 氛围，带出风格。

⑥ **黑色水波纹釉面手工砖** 不同于一般的平面釉面砖，立体纹路带出质感。

⑦ **橄榄绿橱柜门板** 雾面钢琴烤漆，营造低调质感。

———— Furnishing ————

⑧ **满铺地毯** 男主人书房、主卧皆使用大面积的满铺地毯，增添柔软触感。

全房·ceiling
天花线板

⑥
Bathroom · wall
黑色水波纹釉面手工砖

Living room · wall
白色文化石

Kitchen · 橱柜门板
Sand white

⑧
Bedroom · floor
满铺地毯

⑦
Kitchen · 橱柜门板
Hawthorne Green

Living room · wall
Feunessee Haze

Study · wall
Fossil Grey

❶

Bathroom · wall
Aqua Chintz

❷

Bedroom · wall
Mild Wind

Bedroom · wall
Clear Sailing

❸

全房 · cabinet
仿古铜把手

Bathroom · wall
20×20水波纹砖

❺

Bathroom · floor
黑白六角马赛克砖

Living room · window
卷帘

全房 · door
门框

❹

Bathroom · floor
石材马赛克砖

Living room · window
白色竹百叶

Bedroom · wall
黑色黑板漆

Kitchen · floor
30×30复古砖

Bathroom · 台面
卡拉拉白大理石

Hallway · floor
30×30复古砖

风格素材计划 2
Stylish plan

———— **Furniture** ————

❾ Original BTC 吊灯 英国品牌灯具，复古又带有工业风。选择黑色灯罩，营造英式怀旧风。

❿ 工业风立灯 线条简单的立灯，可调整高度，除了当作阅读灯，平日也可作为摆饰。

⓫ 深灰长沙发 线条简约的大沙发，为呼应外围隔间深色的框架与门板，选择深灰色来平衡。

⓬ Anthropologie 仿古吧台椅 全新品仿古设计，绿色座垫椅面呼应绿色橱柜和墙壁，保持一致调性。

❾
Kitchen
Original BTC 吊灯

❿
Living room
工业风立灯

⓫
Living room
深灰长沙发

⓬
Kitchen
Anthropologie 仿古吧台椅

Home Data

台北市·二手房
大楼·158.68 平方米
房主夫妻和儿子·金融业

餐厅
客厅
厨房
儿童房
书房
客用卫生间
主卧
书房
衣帽间
主卧卫生间

为了隔出餐厅，在玄关做了一条走道，同时让空间有了一种想一探究竟的感觉。

02 home 空间串联独立，恰如其分、各得其所

每个人对家的模样都充满期待。

房主夫妇曾长居美国，美式空间对他们来说又熟悉又亲切。尤其是女主人，从小在美国长大，对美式空间的特色十分了解，早已习以为常。

tips 1

1 将近一半的家具是女主人和设计师一起上网搜寻国外网站后讨论、挑选，远渡重洋购来，带着浓厚的美式风。2 因为房子采光好，不会因为家具的用色重而显得沉重，搭配自然光线的空间弥漫着舒适与温馨。3 餐厅在玄关旁边，三面环墙，让用餐环境带有让人安心的隐秘感。

公私区分的空间规划 保留家人隐私

一个好的空间，不该只有美丽的装潢，空间动线更能决定游走其中的舒畅感。动线大多依照生活习惯浮现脉络，依据期待设定空间面容。初期规划时，房主希望将公私领域做区分，即使家中有客来访，也能保有隐私。正好本案房屋是长形空间，于是利用一条走道贯穿公私领域的设计概念，设定动线主轴。

结婚后夫妻虽然住在一起，偶尔也会想要独处。于是，房主夫妻希望能拥有各自的书房。因为女主人需要照顾小朋友，所以书房安排在客厅旁，邻近公共空间。利用黑色喷漆的木制门窗区隔，黑色带来

工业风的气息，大片玻璃窗可随时得知外间的动静，轻松掌握孩子在客厅的情况。为了增加空间的灵活性，书房使用了折门，可以全部打开，变得通透，也可半折半开，视觉上变化性较大，使用起来颇有弹性。

tips.1 网上选购家具建议挑选熟悉的品牌

本案的家具有些是房主网购而来，因网购无法看到实物，所以建议购买自己熟悉的家具品牌，并且要特别留意家具的尺寸，一定要事先仔细丈量空间大小。

2

3

巧妙的动线维系家人情感

　　男主人的书房与主卧、衣帽间、主卧卫生间规划在一起,借由格局动线拉近家人间的关系。于是,在走道的尾端,以双开门作为这 3 个空间的共通入口,书房在右,主卧在左,卫浴在前,巧妙地将 3 个空间串在一起,并创造出一进又一进的视觉层次。而原本过长的走廊也因为挪作生活区域而显得不那么狭长。

　　考虑到男主人工作繁忙,为免深夜回家继续加班打扰到妻子和孩子的睡眠,将书房设定为兼具工作与休憩的专属空间,规划了工作桌与卧榻。有趣的是,男主人从小渴望拥有阁楼,原本希望在书房内设计一个小阁楼,能窝到上面休憩,可惜楼层高度并不足以完成梦想。只好在书桌上增添一个需要攀爬楼梯才能取放的收纳空间,稍稍满足童年愿望。

tips
2

1 和客厅相邻的书房，以黑色喷漆木制框外加透明玻璃做成隔间，女主人在书房也能清楚掌握孩子的一举一动。2 婚后夫妻仍渴望有私密时光。女主人最爱隐身在书房看影集或上网，但同时又能关注到家中的一切。3 可依需求展开的玻璃折门，丰富空间的使用效果，多了一些趣味。

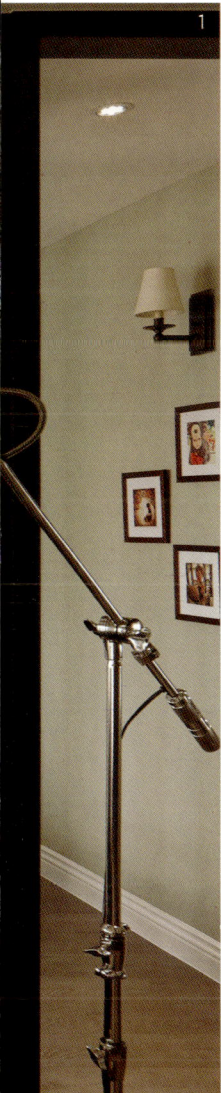

tips.2 **以黑色喷漆木制框取代铁件，效果更好**
选择以木制框喷上黑漆的方式取代铁件作为门框，一方面是考虑到木制门框的密合度较高，隔音效果比铁件好；另一方面铁工的工种复杂，施工工期长，相对价格也较高。所以，如果要营造优雅大气的氛围，以黑色喷漆的木门框取代铁门框，就能兼顾美感和预算。

厨房左侧使用亮面砖，而一
旁的墙面则使用雾面砖，兼
顾实用性与美感对比。

tips
3

tips.3 嵌入式冰箱，柜门即为冰箱门
选用德国品牌的嵌入式冰箱，冰箱门
可以与橱柜门用一模一样的门板，让
冰箱与空间融为一体，视觉更显利落。

1

拥有梦想的中岛厨房

　　拥有中岛厨房是女主人的梦想。本案房屋整体格局方正且动线流畅，在这样的条件下，我们特意规划了开放式的中岛厨房。厨房不一定非要全白，些许色彩更能增添做菜的乐趣。橄榄绿橱柜门板搭配厨房与餐厅的浅橄榄绿色，以及白色的瓷砖墙面，3种颜色堆砌出视觉层次，空间更显丰富。冰箱则隐藏在柜体内，与整体橱柜完美融合，让厨房的视觉效果更有整体性。

　　小细节决定了空间整体效果，借着不同的配色和不同的建材，搭配出了空间特有的韵味。更棒的是，房主的梦想在这一空间实现了，男主人有了能够安静工作与休憩的独享小天地，女主人有了串联家人情感的美丽厨房，一家人在共同生活的居所之中，也能享有各自独立的空间，共谱一曲幸福乐章。

1 中岛厨房的好处在于有双台面，女主人可以时常和孩子一起在厨房做甜点、料理，享受美好的时光。2 以白色为天花基底，梁柱则用较深的颜色勾勒，创造出空间层次与立体感。3 延伸的走道造就了视觉层次，随意在墙壁上挂上照片或壁画，让空间多几分优雅的气息。

1 主卧卫生间以白色堆砌空间视觉，配上黑色门框，一黑一白更显出空间层次。2 卫生间的配色清爽，干湿分区让干区可以漆上凉爽的蓝，让空间更活泼。3 在7平方米的空间里打造男主人的小天地，满足收纳、办公与休憩的需求。

You can do this, too!

你也可以这样布置!

DO THIS / 1

英文名壁贴装饰儿童房

深受美国文化影响的房主夫妻,特地从美国网购了孩子的英文名壁饰,装饰在墙面上,满满的都是父母对孩子的爱。配合壁饰的颜色来确定墙面色彩,有助于让壁饰字体更立体、更聚焦,因此使用湖水绿背景来衬托深色字体,突显了字母,视觉上也更有层次。

DO THIS / 2

缤纷的锅具满足下厨者的心

喜欢下厨的人,都会向往拥有各式各样美丽的锅,比如来自法国的色彩斑斓的铸铁锅,实用又好看,摆放在橱柜内就是一个装饰品。不过,在规划设计橱柜收纳时,应该根据主要使用者的身高,设计成方便取用的高度。

DO THIS / 3

手做花布旗拼接了温暖

女主人利用碎布拼成旗子形状,装饰在书房中,略带美式乡村的气息,增添了空间温度。开放式书柜不一定非得摆满书,买一些大小适当的藤篮放在书架顶端,收纳平时较少取用的小物,柜子搭配藤篮,模样也温馨。

姐妹淘最爱，
单身女子的黑白摩登宅

集俐落国女人美丽、自信、优雅于一身的单身房主，
一开始就想到了用黑白两色为空间定调。为了呈现出地道的都市风，
更是从国外订购家具、家饰运回来，
打造一个人住时自在舒服，
与姐妹淘相聚时热闹欢愉的黑白摩登宅。

❼
Living room · window
棉麻混色窗帘

Bathroom · wall
卡拉白白大理石

Bathroom · wall
釉面立体砖

Kitchen · wall
10×10水波纹釉面砖

风格素材计划 I
Stylish plan

Color

❶ **淡绿色** 卧室的淡绿色，展现优雅而柔美的空间调性。

❷ **奶茶色** 以奶茶色作为中间色，平衡黑白对比的空间基调。

❸ **蓝色** 客房空间较小，蓝色能带来轻松感，无形之中有放大空间的视觉效果。

Material

❹ **狗骨头造型混贴马赛克砖** 卫浴地板选择黑白相间的马赛克地砖，与绿色墙面形成视觉差异。

❺ **超耐磨田园绿木地板** 狭长型的空间以斜贴方式铺设地板，具有放大空间的效果。

❻ **白色橱柜面板** 厨房台面下的橱柜门板，略带乡村风，制造休闲又带点慵懒的空间氛围。

Furnishing

❼ **麻质窗帘** 雅致的织纹和大地色系不仅百搭，更能称职地作为配角，烘托空间的质感。

④
Bathroom · floor
狗骨头造型混贴马赛克砖

Bath room · floor
白色雾面六角马赛克砖

全房 · wall
踢脚线板

Living room · window
纱帘

Bathroom · wall
黑色釉面马赛克砖

❻
Kitchen · 橱柜门板
白色

Kitchen · 橱柜线板
灰绿

全房 · cabinet
仿古铜把手

Bathroom · cabinet
镀铬把手

❸
Bedroom · wall
Sanctuary

❷
Dining room · wall
Contemporary white

❶
Bedroom · wall
Silent Fog

Bedroom · wall
Thyme

Bedroom · window
白色竹百叶

全房 · door
门框

Kitchen · window
胡桃木色竹百叶

❺
Living room · floor
超耐磨田园绿木地板

风格素材计划 2
Stylish plan

--- **Furniture** ---

❽ **Redgrave Chair 女人椅** 简单素雅的布料，细节处透出浅粉色的花朵纹路，符合卧室的放松调性。

❾ **Montana Pharmacy Floor Lamp 阅读灯** 灯座与灯罩部分是金属材质，低调中带点奢华感，适合作为卧室阅读灯。

❿ **Colin Chair 黑白格纹单椅** 为了呼应黑白色调的居家设计，在不成套的沙发组合中出现黑白格纹图样，展现时髦感。

⓫ **Corbett Sofa 白色沙发** 简洁、厚实、座椅深度较深，具有放松又都市的个性，是美式家具的经典款。

⓬ **Retro Photographer's Floor Lamp 落地立灯** 大型的落地立灯，用来作为居家的间接光源，营造更明亮的生活空间。

⓭ **Hartwell Chair 花样图腾单椅** 厚实的花样图腾单椅，在明确的黑白色系之间柔化空间，打造休憩放松的角落。

⓮ **Burton Armchair 英格兰梳背椅** 结构简单、造型现代，是 ETHAN ALLEN 的经典款。圆弧造型的椅背既舒适又能达到支撑的效果。

❽ Living room
Redgrave Chair 女人椅 + ❾ Bedroom
Montana Pharmacy Floor Lamp 阅读灯

❿ Living room
Colin Chair 黑白格纹单椅 + ⓫ Living room
Corbett Sofa 白色沙发 + ⓬ Living room
Retro Photographer's Floor Lamp 落地立灯 + ⓭ Living room
Hartwell Chair 花样图腾单椅

⓮ Kitchen
Burton Armchair 英格兰梳背椅

餐厅的端景墙以相片墙和活动矮柜打造生活感，留白的设计让空间显得自由自在。

Home Data

台北市·新房
大楼·85.95 平方米
房主·上班族

home 03 用黑与白诠释
如法国女人般优雅的空间

　　本案的房子虽然三面采光，但狭长型的格局加上大量落地窗，意味着能使用的墙面并不多。虽然可以在装修时做出隔间，但房主一个人居住并不需要太多房间。因此，我们以开放式为架构设计公共空间，结合都市女子风，将整体空间定调为舒适、放松又略带慵懒的居家氛围。唯独房主的收纳需求较多，综合这一点和空间状态，如何达成最大的收纳效能就成了重要问题。

合理规划动线　增加空间容量

　　在配置这一长型空间的格局时，我们用了一面墙把主卧与客房分别安置在房子的前后两端，使每间卧室都享有独立的采光。位于中间段的公共空间则以开放式手法整合区域功能，将客厅、餐厅、厨房安排在同一动线上，相互串联又通透。

　　规划好空间动线的同时也解决了收纳问题。由于室内享有 3.6 米的层高，于是，利用这样的高度优势，在隔间墙的顶端设

计柜体，搭配轨道木梯展现层次。主卧则利用入口走道区域做了夹层，上层是完整的大型储物空间，底下是小衣帽间；通往夹层的楼梯，每一阶都是收纳空间，上掀的开合设计方便房主取放物品。

以黑白色系为空间定调，选用格纹单椅，白色沙发和黑白地毯铺陈公共空间

黑白定调 优雅自信如法国女人

全部家具，甚至瓷砖、饮水机的水龙头、浴室内的配件等，都从国外购入，由此可看出房主对空间的绝对主张。

一如对空间的品位要求，房主给人的感觉也如法国女人般美丽、自信又优雅。于是，我们用黑白两色为空间定调，并着眼于家具物件的选搭，以黑白色系单椅、沙发、餐椅、餐柜、地毯、相片墙等铺陈公共空间，打造时尚又富有魅力的个性空间。

1 电视柜向左右延伸出宽大的柜体，满足房主庞大的收纳需求。最上方虽然是开放式设计，仍可用各式藤篮将物品分类并隐藏收纳。2 餐桌短边各有一把高背椅，与4把圆弧背椅搭配，让整体视觉不至于太单调。3 偶尔邀约好姐妹到家中聚餐聊天，即使很少下厨，依然需要功能全面的厨房。

2

3

tips
2

1

2

1 主卧拥有大面积采光的优势，以实木百叶的窗框架构出空间层次，百叶可调整引入的光线，让睡眠空间更加舒适。 2 考虑到空间的高度，利用主卧的走道区域规划了一处供收纳使用的小阁楼。 3 合理利用靠近天花板的空间，设计成可收纳小物件的地方。

3

一个人住的美好时光

房主特别钟情于大木桌，虽然是一个人住，但因为时常邀请姐妹们来家中聚会，所以还是准备了六人座的宽敞餐桌，满足待客和起居的生活需求。此外，特别将角落空间作为客房使用，因为面积不大，所以用白色的背景为空间定调，起到放大空间的效果。客房靠墙壁处有根大梁，为了削减大梁带来的压迫感，依着大梁位置设计衣柜，而上方多出来的空间则规划小阁楼用作收纳，空间虽小却功能俱全。单身

女子的黑白时尚宅，适合一个人自由放松，也能容纳好友相聚时的热闹欢欣，每时每刻都是美好时光。

tips.2 **窗台下和狭缝中的收纳柜**
在窗台下和窗台之间，顺应着建筑体外凸的墙面设置收纳柜，不但柜格多，易于分类，且容易取放，是充分利用空间的柜体作法。此外，也特别选择白色柜门，呼应卧室放松柔美的调性。

1 卫生间运用大面长镜拉宽视觉，延伸自洗手台的石材台面，同时满足洗漱与梳妆的需求。2 卫生间地面选用了狗骨头造型混贴马赛克砖，与一般的黑白马赛克砖相比，多了一些编织感，增添质感细节。3 客房除了满足基本需求，还特地设计了具有吸铁功能的书桌墙面，创造趣味性，也为未来转为儿童房提供了可能性。

You can do this, too!

你也可以这样布置！

DO THIS / 1

藤篮取代柜体抽屉，实用又美观

开放式的柜体如果要摆放不常用的物品，该如何设计收纳？建议选用各式大小的藤篮搭配使用，不仅可以取代抽屉，在没有柜门的情况下，或深或浅的大地色系看起来也很美观。

DO THIS / 2

一面会说话的相片墙

在空间中留一面墙，如走道墙面、餐柜上方墙面，拼贴摆放画和相片，打造成空间的主题墙。相（画）框除了摆放在同一平面上，还可以做成前后立体摆放的效果，让相片墙更显层次。一些成套销售的相框组，还会附上多样排列组合的说明书，供顾客自行DIY。

DO THIS / 3

选购家具时把挂画一起买回家

在空间中，挂画常有画龙点睛的效果，但空间适合摆放什么样的挂画呢？建议在卧室中用花草、鸟类、蝴蝶等图案；厨房或餐厅则使用蔬果等图案的挂画。有些家具店也出售挂画，在选购家具时可一并挑选风格一致的装饰品。

经典设计师家具丰富空间表情

因为某一次旅行而遇见经典设计师椅子的房主，
体会到原来椅子可以如此舒适，因而开始研究设计师家具。
当有了翻修旧房子的念头后，立刻就设定好了家具，
空间设计则回归最纯粹的留白状态，让满屋的

以低调纯粹的开放式空间
为基底，突出经典设计师
家具的形与美。

Bedroom · wall
Blue Hydrangea

Bedroom · wall ❶
Flower Girl

Living room · wall ❷
Silent Fog

Restaurant · wall ❸
Winter Bird

bedroom · window ❼
彩色条纹布帘

❾
Living room · furniture
深咖沙发皮革

❽
room · furniture
酒红沙发皮革

风格素材计划 I
Stylish plan

Color

❶ **粉红** 以童趣粉红为年幼的女儿打造出梦幻卧房。

❷ **雾绿** 清爽而淡雅的雾绿，勾勒出卧房放松的休憩环境。

❸ **灰白** 带点灰的白色铺陈整个公共空间，单一的色彩突显家具的美。

Material

❹ **绿色黑板漆** 有磁性的黑板漆，可书写，也可吸附小物件，增添生活感。

❺ **白色文化石** 增添些许 Loft 风，同时维持墙面色彩一致。

❻ **橡木洗白宽版海岛型实木地板** 宽版地板展现空间的大器氛围。

Furnishing

❼ **彩色条纹布帘** 和粉红色的墙面色彩相呼应，视觉协调。

❽ **酒红沙发皮革** 酒红色皮革单椅，象征主人独到的品位。

❾ **深咖沙发皮革** 深咖啡色系的柔软皮革，塑造视觉质感。

❺
Living room · wall
白色文化石

全房 · ceiling
天花线板

Kitchen · 橱柜门板
Authentic

④
Bedroom · wall
绿色黑板漆

Bedroom · window
白色竹百叶

Kitchen · 台面
纯白人造石

Kitchen · door
不锈钢把手

Dining room · window
棉麻窗帘

⑥
Living room · floor
橡木洗白宽版海岛型实木地板

全房 · door
门框

Hallway · furniture
木制柜体

全房 · wall
踢脚线板

Dining room · furniture
实木餐桌

风格素材计划 2
Stylish plan

─────── **Furniture** ───────

❿ **Flexform Livesteel Sofa 沙发** 黑色皮革三人座沙发，外型低调又有个性，无论是欧洲古典风还是现代简约风，都能完美融入，包容性十足。

⓫ **Poet Sofa 诗人沙发** 椅背两侧的尖角造型结合圆润的线条，宛如绅士般坚定而温柔的环抱，无论坐卧还是倚着扶手都能得到舒适的包覆感。

⓬ **可翻转式电视柜** 客厅与餐厅为开放式空间，特别选用可翻转的电视柜作为两空间的中介，兼具功能与美感。

⓭ **PK20 ™ Easy Chair 休闲椅** 不锈钢架与皮革的完美结合，形成极简美学，适合与低矮的沙发搭配。

⓮ **AJ 吊灯** 出自丹麦设计大师阿诺·雅各布森（Arne Jacobsen）的灯具作品，采用圆弧灯罩，能与各式风格相融。圆顶部分有着阶梯状的折纹，让灯光投射更有层次。

⓯ **Eames 单椅** 伊姆斯夫妇①于 1956 年推出的经典椅款，以胶合板作为板身，边缘透出层层木质纹路，表层包覆着柔软的皮质。

❿
Living room
Flexform Livesteel Sofa 沙发

⓫
Living room
Poet Sofa 诗人沙发

⓬
Living room
可翻转式电视柜

───────

①查理斯·伊姆斯（Charles Eames）和雷伊·伊姆斯（Ray Eames）夫妇是 20 世纪最有影响力的设计师。

⑬
Living room
PK20™ Easy Chair休闲椅

⑭
Dining room
AJ吊灯

⑮
Bedroom
Eames单椅

玄关摆放着美丽的柜子，一入门就用极致的优雅迎接着归来的人。

Home Data

台北市·二手房
大楼·85.95 平方米
房主夫妻和 1 子 1 女·信息业

主卧
主卧卫生间
女孩房
男孩房
客用卫生间
餐厅
厨房
客厅

home 04 空间就是
经典家具的背景

房主在翻修老房子之前，就已经对家的轮廓有了明确的构想——让设计家具成为家中的主角。起源是某一年房主到日本旅行，在饭店遇见了一张经典款的设计师椅，这才意识到一张设计师的椅子，不但其独特的造型能够掳获目光，合乎人体工学的贴心设计更是让人一坐下就不想起身，由此，房主也进入了研究设计师家具的世界。接触到许多特别的家具设计后，房主也不由自主地开始对空间和建筑有了更多的了解和想法。因此，和普通装修的流程相反，我们反向思考如何通过设定好的家具作为空间主轴，进而安排每个区域的独立及其与其他区域的兼容。

整合公共空间　凝聚家人情感

　　除了先买家具再进行空间设计之外，房主还期望能达成一个梦想——希望家中的每个角落都能让家人想要驻足停留。坐下来看看书，或是聚在一起聊天，呈现自在随意的居家氛围。

　　于是，我们把公共空间调整到最舒适的状态，让家人愿意一起待在这里看书、谈心，轻松和乐地相聚。开放式厨房借由吧台与餐厅联结，客、餐厅之间以双功能的电视柜划分区域，电视柜居中且不做到顶的量体设计，制造出回字型动线，间接融合客、餐厅，增加空间感的流畅度，让整体视觉显得轻松自在。

1 可旋转的电视柜兼书柜，赋予空间更多的弹性和变化。2 选择低矮的家具，再用一盏落地灯拉高整个空间的高度，置身其中就能放松心情。

1 拉大餐厅的空间尺寸，让它成为全家人的生活重心。特意放低圆灯的高度，照射出满桌的温暖。2 比一般木地板大4倍的特制地板，彰显了空间的大气自在。3 原木大餐桌，以不同造型的餐椅做搭配，呈现率性的生活氛围。

好家具需要细腻的空间设计

当家具的选搭成为家居的主要要素时，空间设计便可以回归最单纯的空间本质，而简单之中，更需要细腻的细节处理。比如客厅地板是特别定制的，比一般尺寸大了约4倍，营造犹如石材般无接缝的大器度，又能享受木地板的温润；墙面则保持简单干净，沙发背墙以文化石拼贴呈现，

文化石的表面还刷上了白色乳胶漆，让墙面的白色均匀分布，避免因为材质较为粗犷而导致墙面显得杂乱；不特别做天花板，将管线外露，微微注入工业风的设计元素，同时拉高空间的高度，让空间在与设计师家具相呼应之下，更显张力。

有别于公共空间的纯白色调，主卧采用淡雅的青草绿色，摆设具有现代感的设计师单椅，营造全然放松的休憩空间。两个孩子的房间均以他们喜欢的颜色来定调：男孩房是清爽的蓝色，以黑板漆结合衣柜门，塑造活泼有趣的快乐儿童房；女孩房则为梦幻的粉红色调，搭配红色和白色家具，打造出缤纷浪漫、能带来好心情的睡眠环境。公共空间留白，私人空间跳色，利用色彩制造空间层次和转换心情。

1 俏皮的女孩房，以小女孩最喜爱的梦幻粉红色铺满卧室，充满浪漫气息。2 品位隐藏于细节之中，每件家具的线条都很简洁，却将美感发挥得淋漓尽致。3 淡雅的青草绿，烘托采光良好的主卧自在放松的感觉。

你也可以这样布置！

DO THIS / **1**

缤纷餐椅，让餐桌更丰富

餐桌椅不一定要用同一系列，不同的形状、颜色和材质，反而能混搭出活泼感，不局限风格，空间更有自我。如果家中有小宝宝，还可以寻找适合的儿童座椅，不但满足需求，可爱的颜色也能作为空间跳色。

DO THIS / **2**

磁性黑板漆，记备忘的好帮手

深色卧房宁静沉稳，衣柜旁的墙面涂上磁性黑板漆，涂鸦或记备忘，都是一种生活感。黑板漆是近几年开始流行的漆料，有普通黑板漆，也有带磁性的黑板漆。黑板漆并不只有黑色或绿色，现在市面上还有各种颜色的黑板漆，如黄色等。可以根据个人喜好挑选颜色，不过磁性黑板漆的磁性效果不太强。

在温暖安心宅里，
有妈妈陪伴的甜蜜时光

女主人是一位家庭主妇，家的设计蕴含着一位母亲爱家的心，
她以妈妈的角色作为家设计的主导，
一切以陪伴孩子为中心，将厨房、餐厅、书房联结成区，
一家人在此共读、共处，享受甜蜜时光。

风格素材计划 I
Stylish plan

——— Color ———

❶ 绿色 在有着大片白色落地百叶窗的客厅，用绿色与之呼应，形成优雅的空间景色。

❷ 浅驼色 以浅驼诠释主卧色彩，满足放松休憩的需求。

❸ 蓝色 天空蓝清爽舒适，适合用在男孩房。

——— Material ———

❹ 10×10 复古砖 厨房墙面使用较大尺寸的拼贴复古砖，营造朴实温暖的调性。

❺ 木梯用栓木实木 大面书柜前架上栓木材质的实木梯子，色泽较浅，可与各式风格相融。

❻ 踢脚线板 全房的踢脚线板都设在距离地面 12 厘米的高度上，贯穿全房，像是一种无形的风格延伸。

❼ 白色竹百叶 竹百叶的叶片轻薄，透光性好，白色系与空间十分好搭。

❽ 胡桃木色竹百叶 胡桃木色泽较深，适合与深色木柜搭配。

Living room · window
白色实木百叶

❶
Living room · wall
Artichoke Leaf

❼
Bedroom · window
白色竹百叶

❽
Dining room · window
胡桃木色竹百叶

Kitchen · 台面
纯白人造石

Living room · furniture
沙发布料

Dining room · wall
Otter Brook

❷
Bedroom · wall
Spring Magnolia

Bedroom · wall
Viola

❸
Bedroom · wall
Blue Veil

全房 · door
门框

❹
Kitchen · wall
10×10复古砖

Bedroom · cabinet
古铜把手

Kitchen · wall
10×10复古砖

❺
Living room · furniture
木梯用栓木实木

❻
全房 · wall
踢脚线板

Living room · floor
超耐磨浅古木地板

风格素材计划 2
Stylish plan

—— **Furniture** ——

❾ **灰蓝布面沙发** 造型厚实、线条简单，偏灰的蓝绿色系与墙壁的绿色为相近色系，赋予空间沉稳平和。

❿ **金属材质立灯** 低调而略带现代感的立灯，适用于各式风格，是百搭实用的灯饰。

⓫ **古典雕刻女人椅** 尺寸较小的单椅，是女主人专属的阅读椅，木边细节处有精致的刻纹，带出复古与古典气息。

⓬ **子母式三层式茶几** 可以堆叠在一起且收纳方便的多用茶几，希望营造出随兴自在、可变性强且自由度高的居家空间。

❾
Living room
灰蓝布面沙发

❿
Living room
金属材质立灯

⓫
Living room
古典雕刻女人椅

+

⓬
Living room
子母式三层式茶几

Home Data

台北市·新房
大楼·105.79 平方米
房主夫妻和 1 子 1 女·上班族

一进门的玄关处，利用格状门窗望向客厅，既让视野有所延伸，又保有隐私。

05
home

以妈妈的需求为设计概念，家就幸福了

妈妈负责照顾爸爸的起居，照料孩子的生活，并了解全家人的需求。因此，当家的设计围绕在妈妈身上时，待在家里时间最长的她，比任何一位家人都更能掌握空间与人的紧密关联。

女主人是一位家庭主妇，很清楚自己的需求和习惯，因此，整体空间的设计以女主人的需求为重心——十分重视家庭起居，加上孩子们年幼，女主人需要一边做家务，一边照看孩子们。在设计之初，女主人就希望客厅、餐厅和厨房这 3 个区域能形成密切的关系，并希望在餐厨空间中加入书房，让家人拥有一个可共享的阅读区。

细长落地窗＋横向木百叶　加大空间感

　　客厅的面积不大，考虑到房主不希望玄关显得太封闭，于是设计成一进门就能透过玄关的格状窗户望见客厅的格局。虽然房子不大，但利用一些小技巧就能让空间显得很宽敞。譬如细长落地窗搭配实木百叶的细长型比例设计，不但避免了传统的落地窗帘带来的厚重感，实木百叶的横向密度，也在无形之中拓宽了空间的视觉效果。

　　因为生活习惯的影响，一家人回到家后总是喜欢待在餐厅和厨房里，或阅读或看电视，陪伴着女主人做饭，然后一起用餐。因此，家中主要的活动区域反而是在开放式的餐厨空间，这也是我们将餐厨空间设计成大面积且与儿童房和主卧相连的

1 客厅舍弃电视墙，只以简单的矮柜替代，这样还能摆下钢琴。2 素雅的橄榄绿墙面，搭配门框的白色，让空间多了一些层次美感。3 为了调节采光并遮住窗外杂乱的风景，使用百叶窗，可随喜好调整叶片和光源强弱。

原因。

　　客厅和厨房之间以圆弧门框作为空间的过渡，同时将上方的结构梁修饰掉。厨房保留了原有的一字型流理台，再新增中岛吧台，进而与餐厅区形成家的第二个起居空间。餐桌旁的长桌则作为阅读时使用，省去独立书房。

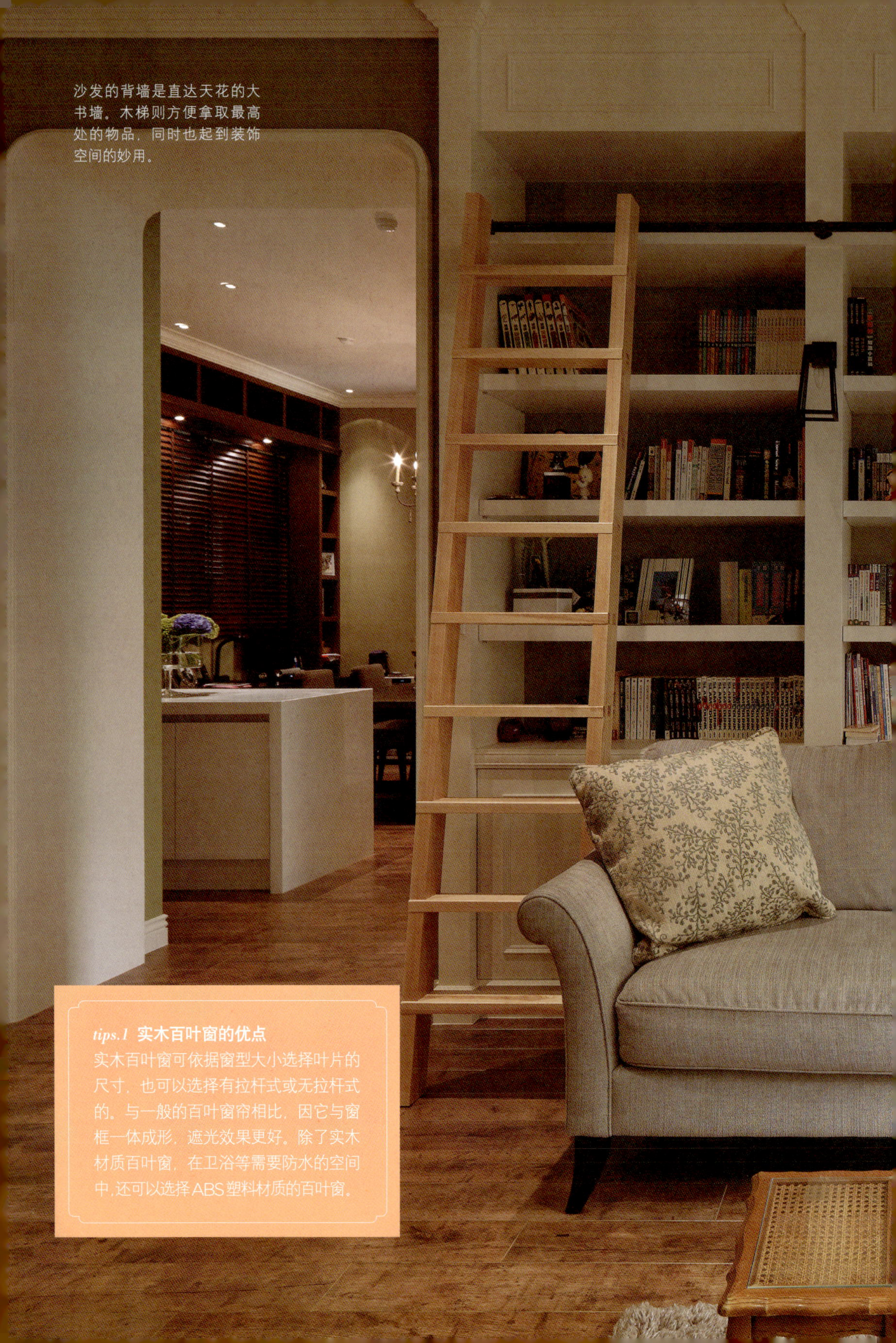

沙发的背墙是直达天花的大书墙。木梯则方便拿取最高处的物品，同时也起到装饰空间的妙用。

***tips.1* 实木百叶窗的优点**

实木百叶窗可依据窗型大小选择叶片的尺寸，也可以选择有拉杆式或无拉杆式的。与一般的百叶窗帘相比，因它与窗框一体成形，遮光效果更好。除了实木材质百叶窗，在卫浴等需要防水的空间中，还可以选择ABS塑料材质的百叶窗。

tips
1

房主自主选色　共享完成作品的喜悦

公共空间的配色沉稳而静谧，橄榄绿结合深色木色，奠定了宁静的空间氛围，也让一家人共处时能沉浸在安宁绿色的怀抱中。主卧和两间儿童房也都保持最简单的设计，仅利用色彩增添变化。房间的配色都是房主一家人自主决定的。主卧较为内敛，选择了温暖的浅驼色，搭配纯白色的实木百叶窗，简约中展露品位。女孩房是浪漫的紫色；男孩房则是男生一贯爱用的蓝色。而当房主参与选色之后，会对房间完成的样貌充满了期待，对于不断微调而成就的模样更是喜爱。这也是我们主张空间不要只有白色的原因之一。

tips.2 **拱门造型，缓冲与界定**

运用拱门修饰梁柱，不仅赋予空间欧洲建筑的经典元素，圆弧形状也为空间带来柔软的线条。另外，也能连结两个空间，形成缓冲与界定。

1 将餐厅和书房结合，如此一来，女主人也能关注孩子的学习状况。2 厨房总是有许多调味料瓶罐需要收纳，以中岛为后备台面，另设一小处专门收纳调味料。

1 女孩自己挑选的紫色墙面，经过反复调整，终于呈现令人满意的结果。2 男孩房漆上水蓝色，与良好的采光一道让房间显得明亮活泼。3 主卧以浅驼色为主调，散发出温润柔美的空间情调。

你也可以这样布置！

DO THIS / 1

玄关鞋柜的生活布置

在小巧的玄关中透过格子窗望去，是采光充足的客厅。鞋柜上可以摆放生活照片或是应景的布偶，让人有种缓缓进入主人生活中的微妙感受。

DO THIS / 2

深色空间选画以对比色为主

当空间中出现较长的走道时，可以在壁面上挂上相片或挂画作装饰，降低经过过道时的冗长感。而深色空间的选画原则是以对比色为主，作为跳色使用，丰富空间的色彩。

深橄榄绿的沉静空间，日光透过窗户，微亮，偌大的美式沙发，厚实的茶几，为居住者提供令人满足的生活舒适度。

绝对静谧，
凝聚五口之家的深色大宅

原本不符合家人生活的格局，如何经由设计师之手，
将～分散的独立空间，转化为一家五口共同的生活区域？
随着公共领域自由开放、私人领域各得其所的设定，
原本分散的房间，被紧紧地串连起来。

Living room · cabinet **④**
胡桃木色贴皮木地板

Living room · wall **①**
Enchanted Forest

Living room · view **⑦**
麻质窗帘

Bedroom · cabinet
银貂木贴皮

Kitchen · 台面
粗砂砾人造石

Kitchen · wall
水波纹釉面砖

Bedroom · wall
Legend Tan

Bedroom · wall **❷**
May Yellow

Bedroom · wall
Whistler

Bedroom · wall **❸**
Stormy Seas

Kitchen · floor
30×30复古砖

Hallway · floor
黑金峰石马赛克砖

Bathroom · 台面
波斯灰大理石

Bathroom · floor **⑥**
30×60米色板岩砖

Bathroom · floor
5×5板岩马赛克砖

Bathroom · floor
30×60 米色板岩砖

Bedroom · door
复古把手

Bedroom · Cabinet
仿古铜把手

Bedroom · Cabinet
仿古铜把手

风格素材计划 I
Stylish plan

——— Color ———

❶ **森林绿** 公共空间使用的深绿色，如森林般深邃又静谧，打造沉稳的空间调性。

❷ **鹅黄** 可爱又显活力的鹅黄，用在女孩房，衬托女孩的独立个性。

❸ **天空蓝色** 男孩房用晴空蓝，既清爽又不失沽泼感。

——— Material ———

❹ **胡桃木色贴皮木地板** 迎合墙面的稳重色彩，选择色泽稳重浓厚的橡木超耐磨地板。

❺ **超耐磨深橡木地板** 公共空间的柜体贴上色彩感较浓的深色实木贴皮，塑造沉稳氛围。

❻ **米色板岩砖** 仿板岩纹路的地砖，质感自然放松。

——— Furnishing ———

❼ **麻质窗帘** 亚麻材质的窗帘让空间多了一些温暖。

❺
Living room · floor
超耐磨深橡木地板

Bathroom · window
胡桃木色竹百叶

Bedroom · window
白色竹百叶

Bedroom · floor
超耐磨田园绿木地板

风格素材计划 2
Stylish plan

―――――― **Furniture** ――――――

❽ Townsend Recliner 躺椅 ETHAN ALLEN 的经典款躺椅，椅背可以调整为 3 种模式：直立、半倾斜、完全后倾，满足使用者阅读或小憩的需求。

❾ Artemis 吊灯 美国灯具品牌。运用金属打造具有新古典主义风格的怀旧而典雅的灯身，并透过亚麻布料灯罩，散射出柔和宁静的光线。

❿ Hastings Sofa 三人座沙发 亚麻布面沙发在细节处带有钉扣装饰，点缀出高雅。

⓫ Triplde G5 落地灯 西班牙灯饰品牌。抛弃沉重的底座，以 3 根管状金属交叉作为灯架，创造利落简洁的造型；搭配色彩鲜明的棉质灯罩，适合现代或古典的空间氛围。

❽
Living room
Townsend Recliner 躺椅

❾
Dining room
Artemis 吊灯

❿
Living room
Hastings Sofa 三人座沙发

+

⓫
Living room
Triplde G5 落地灯

Home Data

台北市 · 新房
大楼 · 145.46 平方米
房主夫妻和 1 子 2 女 · 公务员

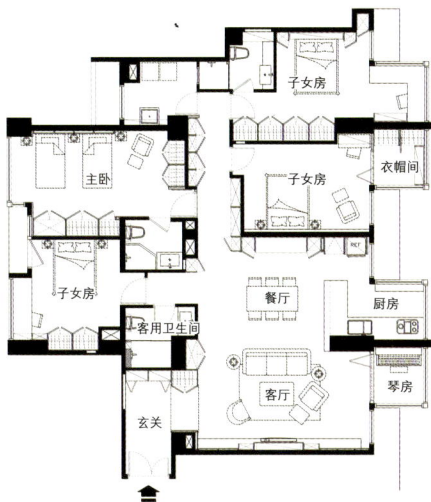

利用玄关营造转折感，白色鞋柜搭配转入客厅的深色木拱门，深浅之间拉出层次。

06
home

将过于分散的独立房间
转化成五口之家的生活空间

房 主一家五口，需要四室两厅的格局，再加上物品较多，书籍也不少，需要充裕的收纳空间。

　　房子原本格局的卧室太过分散、独立，不符合房主对家的期待。虽然孩子已成年，需要有独立的生活区域，但他们仍希望家是全家人融洽相处、联系感情的空间。而改造家的装修过程，也围绕着房主夫妇对空间设定的想法展开：每个区域都要密切联系，才能凝聚家人情感。

以功能牵引光线　增加光源入口明高度

　　本案房子虽然拥有双面采光，但和周边楼房相隔较近，实际能进入室内的光线并不多。面对采光不足且楼层较低的空间，我们反向思考如何让深色材质和色彩演绎出宁静感与层次感。光线的面向配置与分布也是本案的重要课题。

　　特意充分利用窗边的空间，将层次带入主要空间，如琴房到客厅、厨房到餐厅，衣帽间到单椅，或书桌到床边，这些光线的引入与功能的转换，搭配的家具风格与织品，都是让空间充满层次的重要因素。

　　源于房主的喜好，整体空间挑选深色系，衬托房主沉静内敛的气质。客厅旁的空闲空间规划为琴房，让音乐与阳光同时在家中弥漫，以玻璃折门作为隔间门，既能弹性处理琴房的开放与独立，也不会阻碍光线在客厅里恣意流淌。

tips.1 空闲空间用折门淡化空间局促感
角落空间建议使用玻璃折门，利用折门开闭间的曲线增添立体感，进而淡化空间的局促感。

1

1 在规划了4个大卧室后，剩下的公共空间只有全房的1/4，于是利用开放式客、餐厅和厨房延伸视线，放大空间感。2 位于客厅旁的空闲小房间采光充足，打造成有着轻巧折门的琴房，将光线引入客厅。3 隐藏在墙壁中的收纳柜。收纳柜做成与墙面同色，将直白的庞大柜体隐藏于墙壁中，避免影响空间的舒适感。

1

公共领域，深绿亮白延展深邃感

　　通往房间的走道上，有大梁横亘，为了减少楼板低而产生的压迫感，采用木料包覆梁柱的手法压低走道天花板，并把客厅和餐厅的天花板刷成白色，而走道墙壁和天花板则刷成深绿色，无形中界定出区域；延伸到尾端的深绿像一个暗示，指示着通往房间的路线，也让人忘却了压低天花板带来的压迫感。同时，在走道一侧设有置入式书柜，赋予走道另一重身份，以功能转移走道的狭长感。

　　对应深绿墙面的厚重，空间所用的素材也佐以深色调，并在其中或增或减色彩浓度，铺陈空间立面。因为房主拥有大量藏书，所以在电视墙上也利用木贴皮做了一体化书柜；餐厅也随整体格调挑选深色桌椅，在视觉上保持相似的频率。

> *tips.2* **天花与墙面同色，视觉一路延伸**
> 因为不得不包覆梁柱，所以正好利用墙壁颜色区隔空间，走道天花板和墙壁统一用色，制造视觉上的一致性。

1

私人空间，不同色彩各得其所

　　顺着沉静的走道迈向房间，各个房间依照喜好决定颜色。打开房门，明亮的色系与走道形成鲜明对比。大女儿选用湖水绿，符合她温婉的个性，活泼的小女儿则是鲜亮的鹅黄；个性随和的儿子，只要是蓝色就可以，于是帮他选择了较有个性的蓝色。当公共空间统一成同色系后，私人领域的色彩反而突显了家人的个性，游走于不同房间，像是在切换心情，正是色彩加诸于各空间内的活泼体现。

1 男孩房的阳台与卧室整合后，改设置书桌。中性的蓝绿色，佐以白色柜体、台面和书桌，拉出明亮的空间。2 奶茶色墙壁、白色衣柜、立灯和格纹单椅围出的舒适角落，简简单单之中吐露着风雅。3 活泼的鹅黄色空间，是小女儿的坚持，白日采光绝佳，照映得室内一片明亮。

1 清雅的湖水绿墙面，有着柔美背板的床架，大女儿的房间充满了古典气息。2 浅色的瓷砖墙面，搭配着原木色洗手台面，空间显得祥和，让沐浴时光变得宁静、安心。

你也可以这样布置！

DO THIS / 1

用插花制造转角的惊喜

沙发衔接了走道和餐厅的转角，在旁边摆放了边桌，并放置花束。利用最自然的素材和缤纷的色彩为空间增添柔美感觉，也让偌大的空间不显得单调，在转角之间创造出生活的惊喜。

DO THIS / 2

空闲空间的层架可当展示架

卫浴的空闲空间，正好可以规划成层架，摆放书籍、摆饰或花瓶，活泼卫浴的氛围。也能将墙面拉成一个整齐平面,不额外增加视觉负担。

DO THIS / 3

深色空间以白色和彩色作为跳色

为了营造空间的恬静感，以深色贴皮电视墙搭配橄榄绿色的墙壁。但天花板仍维持白色,拉高视线之余也让空间略显轻松。厨房里的白色柜体以彩色的锅具点缀,作为深色空间的跳色。

大量的书籍、优美的钢琴、美丽的挂布，将喜好逐一融入生活，成就了独特的空间韵味。

重拾日光，
用家学会生活的节奏

这房子是大幅度改造老房子的案例，
采光条件不佳，再加上不符合实际需求的四室格局，
让房主打定主意要翻修老房子。
将公共空间配置在光的入口，并扩大面积后，
一家人从此有了家的节奏。

4
Living room · floor
90×90超耐磨浅色凡尔赛木地板

Living room · window
白色竹百叶

Bathroom · 台面
雅典娜大理石（仿古纹理）

Bedroom · window
胡桃木色竹百叶

Kitchen · wall
10×20白色釉面砖

Study · cabinet
非洲柚木木贴皮

6
Bedroom · floor
超耐磨白色脂松木地板

Bathroom · 台面
灰姑娘大理石
（浅咖啡色）

Kitchen · 台面
蚬壳人造石

全房 · wall
踢脚线板

风格素材计划 I
Stylish plan

── Color ──

❶ **湖水绿** 客厅运用淡绿色铺陈，像是轻盈的湖水般，让空间显得宁静美好。

❷ **咖啡红** 书房使用色泽较重的咖啡红，提升使用者的专注力。

❸ **浅蓝色** 浅蓝色男孩房，为孩子打造一个安心、安静的专属空间。

── Material ──

❹ **超耐磨浅色凡尔赛木地板** 选用90厘米×90厘米超大尺寸的木地板，铺陈怀旧与古典样貌。

❺ **复古花砖** 点缀在厨房自然朴实的大面陶砖之间，增加视觉丰富度。

❻ **超耐磨白色脂松木地板** 卧室铺设浅色地板，营造纯净素雅的气息。

── Furnishing ──

❼ **蓝白格纹餐椅椅面** 乡村风花色的餐椅，勾勒出轻松的用餐氛围。

Bedroom · wall
黑色黑板漆

Bedroom · wall
Viola

③
Bedroom · wall
Jordan

①
Living room · wall
English Meadows

②
Study · wall
Soft Coffee

Bathroom · wall
洞石马赛克

⑤
Kitchen · floor
复古花砖

Bathroom · floor
10×10复古砖

Bathroom · floor
10×10复古砖

⑦
kitchen · furniture
蓝白格纹餐椅面

Bedroom · cabinet
仿古铜把手

Kitchen · floor
10×10复古砖

Kitchen · 面板
Sand white

Kitchen · floor
45×45复古砖

风格素材计划 2
Stylish plan

Furniture
---

❽ **Tiffany 玻璃镶嵌立灯** 将欧洲教堂穹顶和窗户的彩绘玻璃，应用于灯具上，为空间带出欧风古典感。

❾ **Hyde Sofa 沙发** 拱型凸起的椅背和富有怀旧风的皮革色泽，为空间的典雅风范做了最佳的诠释。

❿ **Shawe Chair 女人椅** 浅色柔美的花纹布面，为典雅风格再添优雅，可灵活移动的脚靠，满足全然放松的功能需求。

⓫ **Clairmont Brass Floor Lamp 立灯** 灯架为黄铜材质，呈现低调又复古的气息，高度可调，适合作为阅读灯使用。

⓬ **复古枝形吊灯** 枝形吊灯源于中世纪贵族所用的蜡烛照明，通常拥有两个或以上的灯臂，枝形越多，越显华丽。

⓭ **法式乡村风餐柜** 白色复古做旧的法式乡村风餐柜，柜体的线板设计仍具有古典气息，与空间相融。

⓮ **Rectangular Dining Table 餐桌 + Chrystiane Side Chair 餐椅** 兽足形状的椅脚、桌脚，增添空间的贵族气息；蓝白格纹椅垫则为空间注入温暖雅致的氛围。

❽
Living room
Tiffany 玻璃镶嵌立灯
+
❾
Living room
Hyde Sofa 沙发

❿
Living room
**Shawe Chair
女人椅**
+
⓫
Living room
**Clairmont Brass
Floor Lamp 立灯**

⓬
Dining room
复古枝形吊灯

⓭
Dining room
法式乡村风餐柜
+
⓮
Dining room
**Rectangular
Dining Table 餐桌
+ Chrystiane Side
Chair 餐椅**

Home Data

台北市·二手房

大楼·128.93 平方米

房主夫妻和 1 子 1 女·金融业 & 钢琴教师

洒满阳光的狭长玄关，照耀了一身的温暖，
端景的典雅柜子带来了静谧优美。

07 home 老房子翻新
重拾日光与家的节奏

老 房子翻新能够给予家人一个全新的生活容器，带入新的生活样貌。

住了好几年的老房子，之前的格局有 4 个房间，压缩了公共空间，房前靠庭院的墙面遮住了光线，阳光照不进房间；屋后则是加了屋顶的防火通道，挡住了日光，造成室内昏暗。房主深知良好的采光是空间舒畅的必要条件之一，便决定重新设计空间，拆掉旧格局，重新定位空间。

打掉格局重造　开启光的入口

　　女主人是一位钢琴教师，客厅需要摆设三角钢琴。考虑到钢琴所占的空间不小，所以要扩大公共空间的占比，才能拉出空间宽度，舒缓钢琴庞大的体积造成的压迫感。正巧符合房主夫妇希望公共空间能够舒适宽敞，成为一家人聚集活动的起居重心的想法。因此，房子格局规划为客、餐厅和厨房相邻，而客厅的面积就有约30.58平方米。

　　虽然客厅和餐厅、厨房相连，考虑到几乎每天都会做饭，为避免油烟在室内四

散，特地做了折门作为区隔。平时收起折门就是开放式空间，必要时拉出折门就能阻隔油烟。加上拆除了后院之前的屋顶，阳光也能照进室内，即使关起折门，阳光仍然能透过玻璃进入客厅，室内再也不会昏暗无光了。

1 因着喜好和兴趣，拉大公共空间占比，让大量的书籍和有着优美线条的钢琴无形中成为空间最美的点缀。2 尽量保留玄关引进的日光，墙壁选用清雅的淡绿色，天花板也保持洁白，让室内在白天维持一定的明亮度。

1

2

1 房主夫妇喜欢宁静雅致的空间氛围，在家具、家饰和灯具的选择上就以古典优雅为原则。2 以钢琴作为衔接餐厅、厨房和客厅的中介，无论待在客厅还是餐厅，都能享受到钢琴的悠扬乐声。3 空间属于狭长型，沙发背墙规划成整面书墙，电视墙则保持简单爽利的模样。4 用玻璃折门将餐厅、书房与客厅在视觉上串联在一起，提升空间的视觉宽敞感，也让家人能轻松互动、对话。

完全依照女主人设定规划的
梦想厨房，有大餐桌，中岛
台面和L型流理台，让下厨
变成美好的事。

拉大公共空间　促进家人情感

房主夫妇都爱好阅读，拥有大量藏书，于是我们让书籍成为家的装饰布景，在练琴区规划了一整面书墙兼收纳柜。又因为层高较低，视觉上会显得扁平，如果添加太多设计元素则会显得凌乱，所以将书墙和带仿壁炉的主墙规划在一处，不但制造视觉效果，也方便两处书籍的取放。

房子属狭长型，沙发背墙已做了主墙式的处理。考虑到电视的使用频率不高，因此电视墙维持简单样式，将电视直接悬挂在墙上。电视墙背后即是主卧，在电视墙墙面挖出柜格，可以摆放电器；而在电视墙的背面，利用凸出的柜格制作木平台，作为主卧的电视柜，无形中兼顾了墙面两侧的使用需求。

两间儿童房虽然各自独立，但因为小朋友年纪尚幼，为了方便照顾，同时让小朋友夜晚睡觉时有个伴，在两房之间做了折门。目前保持折门敞开的状态，等小朋友长大时再拉起折门，形成独立的空间。

重新规划后的住宅，解决了采光问题，同时调整了空间配置，赋予住宅全新的生命。不由想象着女主人敲击琴键音符跃出，一家在此重新开始生活旋律的画面。

1 厨房地板采用方便清理的陶砖，加上采光较好，沐浴在阳光中用餐也是一种享受。2 洁白的主卧利用电视柜的原木色带出温暖气息。在卫生间开了一扇折叠式小窗，减缓没有对外窗的封闭性，化解空间狭小的感受。3 深色狭长的书房安置在厨房房边，仅用玻璃隔开，让男主人即使置身于独处的空间，也能与家人保持互动。

紧邻的两间儿童房，以可开合的折门作隔间墙，两间房分别刷上水蓝和淡紫色的墙面漆，各有风情。折门以黑板漆处理，变成孩子涂鸦的画布。

tips
1

你也可以这样布置！

DO THIS / 1

美丽图腾丝巾当挂布

把丝巾当成挂布使用，是房主夫妇的主意。特地去专柜询问使用的配件，从香港网购而来。有别于一般使用的挂线，采用四角平衡伸展的结构，尽显布面的美丽，是一个值得参考的装饰妙招。

DO THIS / 2

多尝试装点生活物件

据说很多人找了设计师设计空间后，不管买什么物件都要询问设计师。但其实真正生活在空间中的人是房主，所以我们强烈鼓励房主尝试自己购买小物件，依季节或节庆装点空间。唯有这样，才能和自己的家有更多联结。

DO THIS / 3

生活照片是过道的最佳风景

步入家中私人领域的过道上，女主人用心地将与家人的生活照放入大大小小的相框里，悬挂在墙面上，不但形成过道的风景，驻足于此，也能作为一日生活的缓冲和转换。

厚实的组合沙发，与圆形
茶几相呼应，营造出放松
又温暖的居家意象。

把电影场景搬回家!
换屋族的微古典空间提案

女主人平日就有逛家具店的习惯,
渐渐地对美式家具产生好感,也幻勒出她对家的向往——
如果能把电影场景搬回家,该有多好!
于是用白色线板、落地格子门、男女主人椅、浅咖与暗红,
创造出时而古典时而优雅的居家空间。

风格素材计划 I
Stylish plan

Color

❶ 咖啡色 客厅主墙面选用咖啡色，突显典雅又放松的居家情境。

❷ 草绿色 餐厅宁静的绿色墙面，让用餐环境多几分清爽。

❸ 蓝色 厨房以蓝色墙壁定调，让料理环境显得活力十足。

Material

❹ 灰姑娘大理石 客厅电视柜台面选用灰色大理石，色调沉稳简洁。

❺ 蓝色橱柜门板 厨房选用蓝色橱柜门板，满足女主人想要拥有地中海般情调的料理环境的心愿。

Bathroom · floor
洞石马赛克砖

❹
Living room · 电视柜台面
灰姑娘大理石

❺
Kitchen · 橱柜门板
Lunen Burg

Living room · wall
Obelisk

Living room · wall
Canvasback ❶

Dining room · wall
Woodland Mystery ❷

Bedroom · wall
Burgundy

Bedroom · wall
Lake Blue ❸

Bedroom · wall
Peruvian Yellow

Living room · floor
抛光石英砖

Kitchen · 台面
灰白人造石

Living room · window
麻质窗帘

Study · window
胡桃木色竹百叶

全房 · cabinet
仿古铜把手

Bedroom · floor
超耐磨田园橡木地板

Bedroom · floor
超耐磨白色脂松地板

风格素材计划 2
Stylish plan

———— **Furniture** ————

❻ **简约感枝形吊灯** 选择亮面的灯罩来呼应亮面地砖，低调中不失奢华感。

❼ **褐色皮革男主人椅** 男主人椅采用沉稳的深褐色系，表达男主人厚实稳重的风采。

❽ **花纹布面女主人椅** 采用大面积花纹布面的女主人椅，呈现典雅活泼的感觉。

❾ **深色圆弧餐桌椅** 搭配一旁深色木餐柜，餐桌选择较为深沉的颜色，与淡色系的整体空间形成鲜明对比。

❻
Living room
简约感枝形吊灯

❼
Living room
褐色皮革男主人椅

❽
Living room
花纹布面女主人椅

❾
Dining room
深色圆弧餐桌椅

Home Data

新北市·新房
大楼·157.03 平方米
房主夫妻和 1 子 1 女·上班族

08 home 用家具和空间线条
为家制造和谐美感

生 命是一场历程，没有什么能永恒不变。就像每个时期偏好的饮食口味会有所不同，对空间的喜好，也同样会随着时间转变。林先生一家以前偏好简约的居家风格，这次搬了家，对家的想法有了变化，期待拥有一间美式样貌的优雅居家。房子本身条件很好，拉开窗帘就是一整片好风光，仿佛一幅自然画作就在眼前。因此，我们毫不犹豫地为客厅保留了大面观景窗，把室外风景全部延揽入内。

1 用白色线板精准勾勒出天花、门框和界定空间的线条，让空间显得立体有层次。2 客厅与书房之间的落地格子门，是美式风格的经典元素之一。3 两张单人椅安放在洒满阳光的大面观景窗边，想象窝在这里看书的时光，最是放松。

3

男女主人椅　营造家的放松感

本身就对家居设计抱有浓厚兴趣的女主人，平时就有逛家具店的习惯。在装修新房时，更是亲自挑选了所有的家具家饰。客厅除了挑选 3+2 人座的沙发衬托空间的大器之外，还特别运用略带古典造型的圆形茶几，为空间揉入优雅的质感。在光线最充足的窗边，摆放了男女主人专属的单椅，一张是充满欧洲风情的皮革主人椅；另一张则是符合女性小巧身材、用花卉图腾诉说柔美调性的女人椅。偌大柔软的沙

发，光是看着就让人感到放松。

客厅主墙特别选用米黄色文化石，搭配沉稳的深咖啡色墙面，与沙发和茶几形成对称的组合，塑造宁静平和的空间氛围。紧邻着客厅的书房，与客厅共享同一片美景，更以落地格子门作为隔间，展现美式空间的经典元素。

房主夫妇都喜爱阅读，在书房除了规划整面墙的书柜安置藏书及收藏品外，书房窗边还设有一处卧榻，可以坐在上面看书、聊天，让角落空间有了存在价值。

1 书房做了双开门，看起来优雅大方，而且视野可以穿透到客厅，放大空间感。2 在书房的窗边规划卧榻，可以窝在这里阅读或与家人谈心，享受恬静时光。3 满墙面的白色书柜，可以兼做展示柜，摆列藏书和收藏的小物。

有想法的空间　才有家的味道

　　在许多房子的设计案里，女主人大多都是待在家的时间最长的空间使用者，于是空间设计通常以女主人的需求为主要考虑。而擅长处理家务的她们，对厨房的期待总是最多。就像本案中的女主人，她渴望拥有一整套水蓝色的橱柜，加上她一直都在收集美丽的瓷杯，所以希望能将它们展示出来，亲朋好友来访时也能使用。而这些期待都被满足了。我们特别选用了轻巧的水蓝色橱柜，与餐桌边的用来收藏瓷杯的深色橱柜，以及有着古典线条的黑色餐桌椅，形成一明亮一稳重的强烈对比，增添空间的层次感。

　　值得一提的是，整个空间在空间划分、门框、天花等处都用了白色线板勾勒出明确的空间线条，不但稳定空间的视觉重心，更创造出家的和谐旋律。

1 有着深色餐柜的餐厅，配上了清爽的绿色墙面，缓和了深色柜体的厚重感   2 水蓝色橱柜是女主人梦寐以求的梦幻色，在喜爱的色彩围绕之下制作美食是一件幸福的事。3 女主人喜爱收藏瓷器，于是在餐桌边设计了收纳兼展示用橱柜，将收藏品融入空间中，让空间更有房主的风格。

tips 1

tips.1 用大图输出当壁纸 轻松展现个人风采
利用大图输出，可以将自行设计或是喜爱的图样印刷出来，装饰在墙面，好处是可以依据需求掌握大小、颜色和花样，用来装饰空间时，更能表现个人风采。

1 男孩房使用了水蓝色墙面，配上大幅世界地图当装饰，简单中透露个性。2 重视阅读的夫妇俩，在主卧摆放单人沙发作为阅读椅，暗红色调呈现慵懒放松的氛围。3 活泼的鹅黄色墙面，粘贴了趣味图案的贴纸，增添了不少活力。

You can do this, too!
你也可以这样布置！

DO THIS / 1

用蓝色毯子与抱枕装点生活美感

卧榻和沙发座椅最适合摆放抱枕与毯子。一方面可以用与座椅不同的图样，如跳色或图腾等，作为点缀；一方面则可作为盖毯使用，尽情享受温暖的阅读时光。

DO THIS / 2

善用矮柜布置出角落端景

当各房间门的距离较远时，空间就多了一块零碎地。只要摆放一个与空间风格相符的柜子，装饰以花花草草或是相片摆饰，就能为角落空间注入生命力。

DO THIS / 3

拼贴画组平衡空间的单调感

有时不一定要摆一幅大的画作，几幅小画也能拼凑出视觉上的美感。尤其是在装饰和家具较少的空间，善用琐碎小物的拼搭，就能平衡空间的单调感。

09 home × 迷人优雅 Charming&Elegant

橘红色小屋，
让SOHO族时时刻刻在家也不腻

房主必须长时间在家工作，家必然是他生活的唯一重心。如何创造一个久待不腻的生活空间，是我们着眼的课题。于是选用砖橘色为空间主调，并创造出可畅快工作的环境，让房主在温暖的氛围中成事又成家。

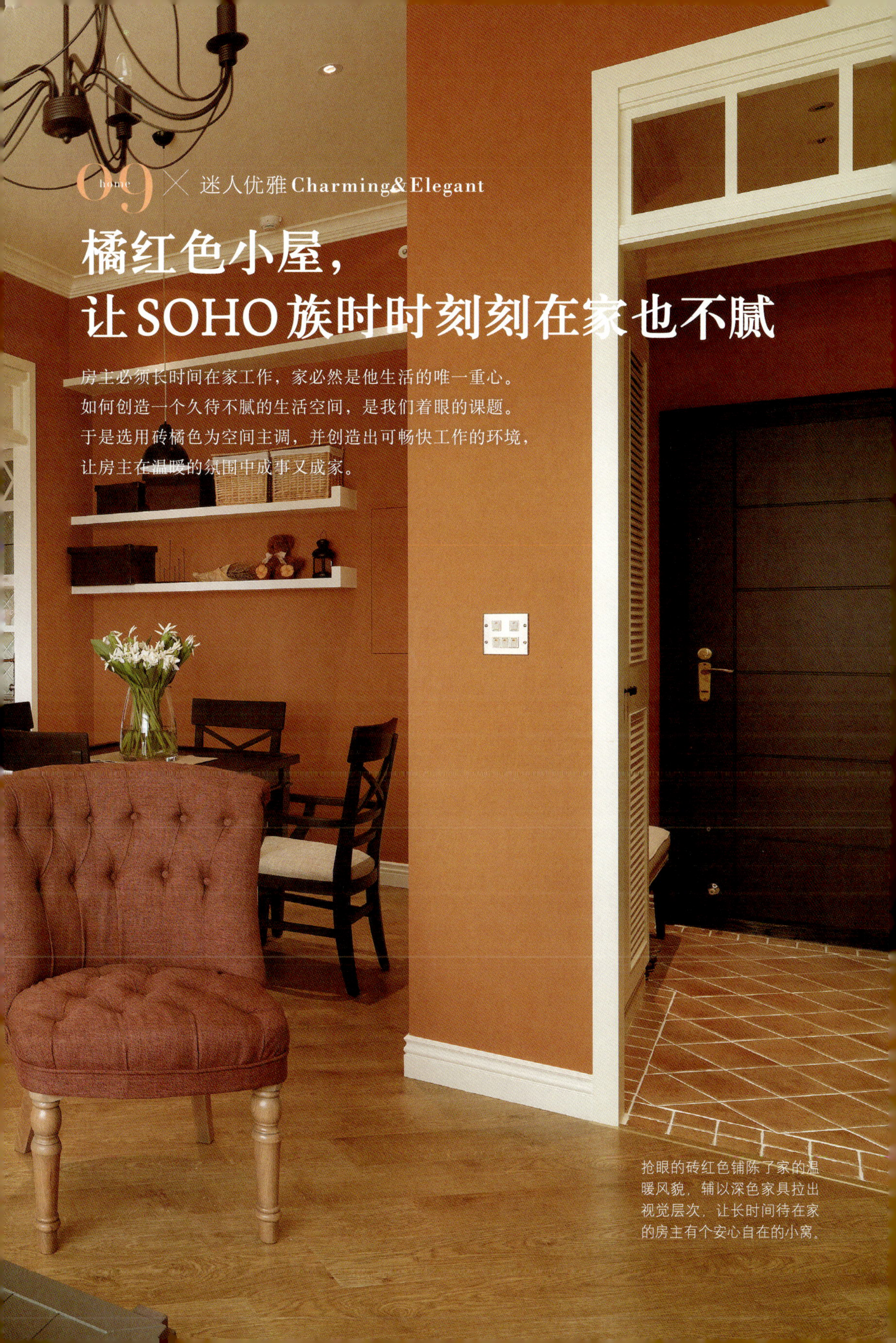

抢眼的砖红色铺陈了家的温暖风貌，辅以深色家具拉出视觉层次，让长时间待在家的房主有个安心自在的小窝。

风格素材计划 I
Stylish plan

——— Color ———

❶ **橘红色** 抢眼橘红，是一般居家空间少见的大胆颜色，用在采光好的空间能带来活力。

❷ **草绿色** 书房运用绿色，让长时间待在计算机前工作的房主放松眼睛。

——— Material ———

❸ **窑变釉面手工砖** 有点窑变的釉面砖，表层不均匀色泽反而带出变化。

❹ **20×20 复古砖** 厚实的材质加上陶砖色泽，感觉温厚。

❺ **米白橱柜门板** 雾面钢琴烤漆材质，质感优美细腻。

——— Furnishing ———

❻ **亚麻条纹窗纱** 以橘红为主色调的空间，选用带有织纹质地的亚麻窗纱，衬托浓郁的色彩。

❻
Living oom · window
亚麻条纹窗纱

❶
Living room · wall
Timberline

❷
Study · wall
Pine Forest Green

Bathroom · floor
深金锋石马赛克砖

Bedroom · wall
Picton

Study · window
白色竹百叶

Bathroom · floor
石马赛克砖

Kitchen · floor
10×10复古砖

Bathroom · wall
釉面立体砖

❹
Kitchen · floor
20×20复古砖

Bathroom · floor
白色雾面六角马赛克砖

全房 · ceiling
天花线板

Bedroom · door
复古把手

❸
Kitchen · wall
窑变釉面手工砖

❸
Kitchen · wall
窑变釉面手工砖

Dining room · wall
挂钩

Living room · floor
超耐磨田园绿木地板

Study · cabinet
柚木木贴皮

Bedroom · floor
超耐磨深橡木地板

全房 · door
门框

风格素材计划 2
Stylish plan

—— **Furniture** ——

❼ 造型单椅 小巧优雅的紫色单椅，繁复且精致的细节、钉扣搭配，以及富有造型感的椅脚，适合为小空间营造风格。

❽ 多功能餐桌椅 考虑到房主有餐桌结合麻将桌的需求，特别定制方形桌面，下方设计有小型抽屉，但整体仍保有乡村风的感觉。

❾ 黑色悬吊烛灯 配合家具一贯的黑色调，灯架结构线条较为简单，且选择黑色呼应整体空间。

❿ 多功能写字桌 卧室的写字桌，迎合小空间需求而量身定制，同时充当梳妆台。

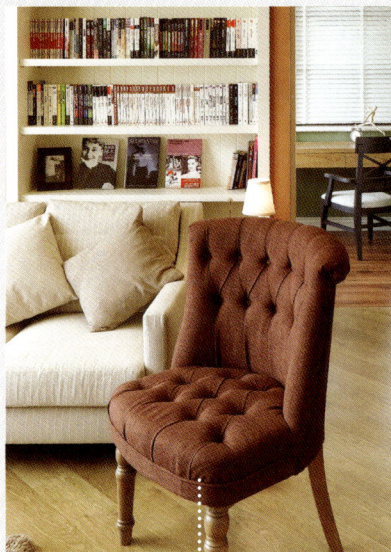

❼
Living room
造型单椅

❽
Dining room
多功能餐桌椅

❾
Living room
黑色悬吊烛灯

❿
Bedroom
多功能写字桌

Home Data

新北市·新房
大楼·63 平方米
房主夫妻·金融业

铺着复古陶砖的玄关，配上橘红墙面，
一入门就是满满的暖意涌上心头。

home 09
为在家工作者配置的
贴心空间

房主说："我信任你们，只要家里漂亮就好。"就这么一句话，房主不太
干预房屋设计，但对身为设计师的我们来说，仍是身负重任。毕竟
"家"像一个巨大容器，容纳了居住者的生活、想法和感受。即便房主将设
计美感的工作托付给我们，但生活习惯这件事却是因人而异。设计师无法通
过透视对方的内心得知，还得通过沟通才能将房主自身的喜好和习惯整理出
一个概念。

1 客厅的面宽较小，因此沙发、电视柜都是特别定制的，让家具与空间搭配合宜。2 餐厅只摆放四人座餐桌椅，即使家中访客较多，也可借用客厅和书房的单椅。

用格状窗户串联空间　保隐私定风格

因为房主长时间待在家，需要温暖舒适的环境。所以挑高 3.6 米，约 63 平方米大的小屋，并未特意做夹层，保持原有高度不但让室内的采光更好，而且活动起来也更舒服。而动线安排上，即使空间不大，还是区隔出了小小的玄关作为缓冲，避免一进门就望见家的全貌而缺少隐私。而且，多出的玄关空间还能增加空间的层次感和宽敞度。

加上本案的房子采光和层高的条件好，我们大胆选用了砖橘色作为玄关墙面色，并衬以黄光，打造出温暖氛围。在玄关和

餐厅交界的墙面上，规划格状窗户，让时常有访客进出的房主，无论身在厨房、书房或餐厅，都能留心大门的进出情况。

> **tips.1 可移动单椅，增加空间灵活度**
> 许多人习惯把有访客时的情况纳入装修计划中，于是努力挤压空间规划客房，或是摆放多人座餐桌椅。但其实空间的主要使用者还是房主本人，应该以满足自己的需求为优先考虑的对象。只要配合可移动的单椅，就能增加空间的灵活度。

定制家具　让家独一无二

　　客厅的采光条件极好，为了利用这项优势，特意采用斜贴的手法拼贴地板。一般来说，斜贴适合大空间，但因为客厅很明亮，可以舒缓斜贴带来的压迫眩晕感，反而创造出延展空间的效果。

　　此外，客厅不宽，沙发和电视柜都依据客厅的大小特别定制。有技巧地使用定制家具是不错的家具搭配方案，可以根据预算和喜好改变家具的大小、材质和花色，反而让家展现出独一无二的个性。

1 餐厅墙面与玄关相连，为了扩宽狭小餐厅的视野，规划了格状窗户，这样即使是在书房和厨房，也能一眼望见玄关，放大空间感。2 从餐桌望向客厅，为了制造视觉层次，使用白色电视墙，视觉上有了一橘一白的深浅调节，空间更显活泼。3 厨房铺设了六角复古地砖，充满乡村风情，与白色的橱柜搭配出清新意象。4 釉面手工砖以不同深浅的蓝绿色拼贴出层次，搭配美式乡村风的壁柜，打造出温馨空间。5 虽然不经常开伙，但仍保留厨房空间，方便房主做一些简单的美食；延伸公共空间的橘色，小小的厨房洋溢着暖意。

长条型桌面　可容纳多台电脑

房主必须长时间在家工作，因此选用具有安抚情绪效果的绿色为房间定调。为了满足房主必须同时使用 2 ~ 3 台电脑的需求，特地将桌子设计成长条型桌面，方便使用。书房另外设有小卧榻，让房主在工作之余能小憩，也可当作客房使用。除了书房之外，几乎每个房间都设有网络插头和电源插座，创造出随处可工作的环境。

主卧选用浪漫的紫色，象征两人世界的婉约与甜蜜，也是贴心的房主为另一半挑选的，让她一同参与成家的喜悦。一般很容易忽视卫浴空间，但就是这一处小小的空间，是洗涤掉一整天烦忧的宝地。主卧卫生间空间不大，于是用泥砌了一个浴缸，尺寸小巧却能让长时间用脑的房主偶尔泡澡放松身心。而客用卫生间则是以交叉的镜面做造型，如此巧思反而提升了空间的整体质感。

63 平方米的多彩小屋，拥有良好的采光和挑高，即使隔成 2 室 2 厅 1 厨房 2 卫的格局，也会因为明亮的光线和适合的家具尺寸，让空间显得不那么拥挤。再加上每个房间都用不同的色彩搭配暖黄色的灯光，成就了一处温馨的小家。在这样的新家拍摄婚纱照，就是最美好的回馈。

tips.2 解决高处取放不便问题，制造登高乐趣的梯子
由于不做夹层，房子 3.6 米的层高刚好可以利用高度优势，设计直达天花板顶端的柜子，用于收纳不经常使用的物品。只要架上梯子就可以轻松地取放物品，也创造出登高的乐趣。同样的设计也出现在厨房中。

tips
2

1 长时间待在电脑前，且需要同时操作2～3台电脑，于是设计了长条木桌，靠窗处有一个小卧榻区，方便房主在疲惫时稍事休息。 2 主卧是浪漫的紫色，摆放的家具也件件精细，衬托出质感。 3 床头背墙特意保持素净，两侧的壁灯为夜晚带来微亮。

1 紧邻着床的卫生间，以马赛克墙面搭配深色框线作为开门后的主视觉。柜子一律使用白色调，舒缓房间的狭窄感。2 客用卫生间比较小，于是以亮面瓷砖提亮，拉出空间感。3 相对于主卧的浪漫，卫浴空间改以沉稳的浅咖啡马赛克铺陈，再以深色的实木洗手台柜子塑造稳重感。

你也可以这样布置！

DO THIS / **1**

大型挂画，形成视觉焦点

狭小的空间，在装饰上要格外留意比例问题。书架旁用大挂画而舍弃小幅框画，就是为了聚焦，让空间显得不零碎。

DO THIS / **2**

巧用挂钩，增加收纳空间

挂钩是方便好用的收纳工具。挂上好看的帽子或包包，不但可以收纳，还可以装饰空间。挂钩尽量选择金属质地的，譬如黑铁或金铜等，既耐用又能对应空间风格。

DO THIS / **3**

层板运用，兼具装饰和收纳功能

选择层板的原因是餐厅本身空间不大，加上紧邻客厅，视觉上不容易形成层次感。以层板取代收纳柜，还可以摆放盆栽或小物件装饰。

在米白色的空间色温下，用
棉麻织品与布面沙发，演绎
老法式的异国风情。

就爱老法式风情!
自然纯净中的异国情调

长期订阅国外室内设计杂志的房主,特别情钟于老法式风情。
在白色、深绿与浅咖的空间色温之下,用复古老物件、
棉麻织品与经典沙发椅,创造出优雅迷人的空间底蕴。
而日常生活留下的使用痕迹,也让房主愈发喜爱这越住越有风格的家。

风格素材计划 I
Stylish plan

──── Color ────

❶ **浅棕色** 浅棕色比白色多了些层次感，也能称职地作为复古家具的背景色。

❷ **深绿色** 深绿色铺陈整个餐厅墙面，塑造宁静氛围。

❸ **蓝色** 蓝色带来清爽舒适的视觉感受，适合用于儿童房。

──── Material ────

❹ **天花实木线板** 用在主卧的实木线板，在细节处点缀朴实。

❺ **柚木实木人字型拼贴地板** 以人字型拼贴带来法式怀旧风情。

❻ **雅典娜大理石** 运用在卫生间台面，仿古处理模样古朴。

Kitchen · 台面
粗砂砾人造石

Cabinet
仿古铜把手

❺
Living room · floor
柚木实木人字型拼贴地板

Bathroom · floor
白色雾面六角马赛克

❻
Bathroom · 台面
雅典娜大理石（仿古处理）

Bathroom · 橱柜台面
卡拉拉白大理石

Kitchen · 橱柜面板
米白

Kitchen · floor
六角复古蜂巢砖

④ Bedroom · ceiling
天花实木线板

❶ Living room · wall
Stratosphere

Kitchen · wall
安朵拉米复古砖

Bedroom · door
压花玻璃

Living room · Window
白色竹百叶

❷ Dining room · wall
Alligator Pear

❸ Bedroom · wall
Sanctuary

Bathroom · floor
10×10复古砖

Bathroom · wall
石马赛克砖

全房 · wall
踢脚线板

Bedroom · floor
超耐磨浅古木地板

风格素材计划 2
Stylish plan

Furniture
---

❼ 丹麦 Louis Poulsen PH 5 吊灯 飞碟造型的现代感灯具，由 3 层灯罩堆叠而成，光线极为柔和，常被用作餐厅吊灯。

❽ 复古格纹布沙发 以"所有对象都不成套"为设计主轴，细致的木纹雕刻配上充满时代感的格纹布面，怀旧意味浓厚。

❾ 圆弧造型扶手椅 扶手部分的圆弧造型显得可爱大方，趣味感十足。

❿ 复古板车造型茶几 偏向工业风的茶几，实木桌面做旧仿风化处理，轮子和包边皆是铸铁材质，展现复古怀旧的空间韵味。

❼
Living room
丹麦 Louis Poulsen PH 5 吊灯

❽
Living room
复古格纹布沙发
＋

❾
Living room
圆弧造型扶手椅
＋

❿
Living room
复古板车造型茶几

Home Data

台北市·二手房
大楼·122.31 平方米
房主夫妻和女儿·商人

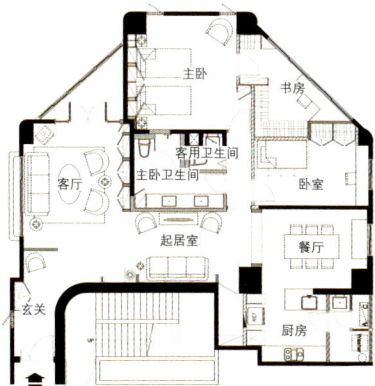

玄关地砖与人字型木质拼贴地板，隐约形成空间的分界

IO
home
老法式风情
让空间越陈越香

和　不同房主配合的过程，都是一场场相会。我们总是很幸运，能遇见十
分契合的业主，完成一场获益良多且愉快的合作。本案的男主人，因
为多年订购国外家居杂志的习惯，每个月都欣赏了世界各地的室内设计案
例，培养了他对空间设计的敏锐度。偏好老法式风情的他，喜欢古朴优雅的
空间氛围。

客厅不放电视 另辟第二客厅

对于空间规划，房主很有想法，坚持不在客厅内放置电视。为了满足妻子看电视的需求，再加上刚好客厅通往餐厅的走道较为宽敞，于是我们将宽敞的走道定义为第二客厅，摆放了电视和符合女性柔美调性的沙发。如此一来，不但走道空间有了存在价值，也满足了房主夫妻各自的需求。

大部分人都习惯在天花板上做吊顶，以隐藏一些管线，如中央空调、灯具等。一般做整体吊顶会使天花板低约10厘米。但其实裸露的管线很有个性，还能化解压迫感。将管线转化为天花板的设计，家中的大梁在加了圆柱与拱门框之后，原有的横梁也模糊掉了身份。

男主人选择不做天花板吊顶，而空调可以放在空间角落，遮掩庞大的空调柜体。

1 角落里摆放着一辆自行车，当日常融入空间，家就有了生活感。2 没有特别安装主灯，反而以大探照灯和天花轨道灯取代，借此创造迷人的空间韵味。3 原木人字型拼贴地板，有种浓厚的古典气息，营造出慵懒的家居氛围。

tips.1 将自行车融入风格设计里

生活中难免会有一些与空间风格不符的日常用品，怎样才能让它们融入空间、不破坏空间调性呢？譬如自行车，如果一定要放在室内，则可以选择一面留白的墙壁，把自行车架在旁边。而且自行车不落地自然就不会让该处地面染尘，维持干净。

tips.2 人字型拼贴木地板展现法式风采

人字型拼贴地板为平口地板，必须一块块黏贴，经过圆盘打磨、补土混木屑后，再进行第二次细磨等工序才能完成铺设，前后需花费一至两个星期。人字型拼贴地板密度高、深浅交替且几近编织效果的模样，能营造出复古怀旧的法式风采。

2

3

tips
2

沙发背墙悬挂着房主收集
的鹿角，略带粗犷气息，
搭配乡村风的沙发布套，
气氛悠哉。

房主自有品位　孕育一室光彩

把光线最好的大面窗户留给客厅，选用白色调作为客厅基调，佐以大地色系布沙发、棉麻窗帘、线条古典的布面单椅、大块图腾地毯，在自然纯净的触感之下，呈现被温暖包覆的异国风情。不同以往客厅一定要有主灯配置的形式，只选搭一盏大探照灯、一个小型的典雅台灯、若干天花板轨道灯，让人在不抢眼的低调光晕下享受迷人复古的空间氛围。具备画龙点睛效果的茶几，则是喜欢老物件家具的房主特别收集来的，原本是运送货物的推车，经过改造之后，黑铁与木头相呼应，变身为引人注目的生活物件。

物件老旧也无妨，留下生活痕迹最重要

有趣的是，采人字型拼贴的实木地板，在四季更替的热胀冷缩效应下，有些地方微微翘起，房主却很开心地告诉我们，这样很有岁月的痕迹感，他就是希望房子不是一片崭新模样，不然会显得缺少家的温暖。随着房子使用的时间越长，生活对象也抹上了越多的日常痕迹。旧一点无妨，有些刮伤也没关系，因为那就是他最期待的家的模样。

1 日光映入幽暗的室内，衬得深色餐桌椅和白色定制餐柜沉静而美好。2 有别于公共空间的白色调，餐厅空间以橄榄绿表现，更与厨房的陶色蜜蜂砖和壁砖相映成趣，创造出宁静温暖的用餐环境。3 客厅连接餐厅的入口以圆弧线框作为过渡；大餐桌只安置一桌四椅，展现宽敞的用餐环境。

1

1 早期的人喜欢使用毛玻璃，后来才渐渐地被清玻璃取代，但近几年又开始怀念起压花玻璃透光又不会太曝露的含蓄美感，有种怀旧的老氛围。2 儿童房延续整体空间的典雅调性，简约大方，在衣柜的线条等细节处提升空间美感。3 主卧卫生间安排了双人洗手台面，方便房主夫妇从容使用而不显得拥挤。典雅造型的手工壁灯对称排列，称职地提供着简单的照明。

3

2

你也可以这样布置！

DO THIS / **1**

地毯兼具装饰和实用功能

适当地使用地毯，可以在区域范围内增添视觉和触觉的暖意。一家人在客厅围坐时，会更自然地环绕地毯，凝聚家人的情感；在卧室的床尾铺一张块毯，则更显放松氛围。

DO THIS / **2**

复古老家具营造玄关端景

从玄关往客厅走去，墙壁刚好有一处圆弧，具备缓冲视觉的效果。另一面墙壁边则摆放复古老柜子，其上放置一小盏台灯和房主的收藏品，一进门就能看出房主的风格偏好。

粉红刷旧、深浅绿色，
以率性怀旧诠释家的氛围

刚从美国回来的房主，对于家的设计，仍延续着率性自在的风格期待。
所有家具都不采用固定式安排，可以随房主的心情自由排列，增添生活乐趣。
空间也以深浓绿色作为底色，再加入现代风的单椅与饰品，塑造摩登与复古的冲突美感。

Dining room · wall
Evening shadow

❶ Living room · wall
Millers cove

❷ Bedroom · wall
Fountain Mist

风格素材计划 I
Stylish plan

Color

❶ **湖水绿** 运用轻松自在的湖水绿，打造客厅的率性氛围。

❷ **天空蓝** 像是把天空带进室内，渲染主卧的轻快气息。

❸ **浅棕色** 书房选用棕色，适合沉淀心绪。

Material

❹ **8×8 白色釉面立体砖** 厨房选用稍大的 8×8 釉面砖，营造出立体与深刻的墙面表情。

Furnishing

❺❻❼ **客厅窗帘** 房主从美国选购的布料，利用拼接手法呈现，色彩抢眼，是空间的亮点之一。

Bedroom · door
铜制水晶把手

❺ Living room · furnishing
绿色窗帘

❻ Living room · furnishing
桃色窗帘

❼ Living room · furnishing
花卉图腾窗帘

全房 · ceiling
天花线板

Study · wall
3
Sand Motif

Bedroom · wall
Respberry white

Bedroom · wall
New Born

4
Kitchen · wall
8×8白色釉面立体砖

Bedroom · Cabinet
仿古铜把手

Hallway · floor
20×20复古砖

Hallway · floor
10×10复古砖

全房 · wall
踢脚线板

Kitchen · floor
45×45复古砖

Living room · floor
超耐磨浅古木地板

全房 · door
门框

风格素材计划 2
Stylish plan

──── **Furniture** ────

❽ 木制质感写字台 令人爱不释手、充满历史感的木制写字桌，抽屉与桌脚间皆呈现出细致的雕刻纹路。

❾ 黑色文件抽屉柜 选用深黑色柜体，线条简单利落，营造出书房的宁静氛围。

❿ 白色素面沙发 素面浅色布沙发搭配花纹抱枕，呈现清新简约的空间意象。

⓫ Kartell 经典圆背扶手椅 鬼才菲利普·斯塔克 (Philippe Patrick Starck) 的经典设计，以极佳硬度、透明度高的聚碳酸酯为材料，圆弧椅背坐下时充满包覆感，实用性与存在感并存。

⓬ 工业风立灯 充满历史感的灯饰，银色带有些许雾黑的仿古设计，让新旧家具巧妙混搭。

⓭ 复古枝形水晶灯 温馨的居家风格中，以古典造型的枝形水晶灯点缀，让屋内一角闪烁着华丽的光源。

❽
Study
木制质感写字台 + ❾ Study **黑色文件抽屉柜**

❿
Living room
白色素面沙发 + ⓫ Living room **Kartell经典圆背扶手椅** + ⓬ Living room **工业风立灯**

⓭
Dining room
复古枝形水晶灯

Home Data

台北市·二手房
大楼·105.79 平方米
房主夫妻和 1 子 1 女·学术界

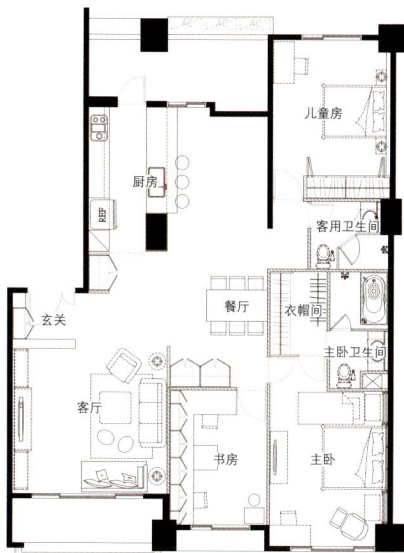

入门处安置小玄关口，格状栅栏些微遮掩室内风光，让入门时的心情得到缓冲

H home
缤纷色彩＆弹性家具
谱出率性迷人的居家调性

房主刚从美国回来，深受西方教育影响，喜欢不受拘束的自在居家。平时主要是女主人和年幼的女儿在家。身为家庭主妇，女主人自然会以厨房为主要的活动范围。为此，她憧憬着美丽宽阔的厨房空间，并且希望将厨房安排在房子的中心，采用开放式设计。如此一来，即使在厨房中忙碌备餐，依然能掌握家中每个角落的动静。

复古做旧粉红厨房　带来随兴氛围

　　厨房除了要开放之外，粉红色则是女主人的另一个坚持。但是这种粉红不是一般认知的梦幻粉红，而是带一种具有复古味道的做旧感的粉红，略带粗犷的木头线条透过刷白后的木质纹路微露。虽然是浪漫的粉红色，却呈现出迷人的率性情怀。

　　这份随性也蔓延到了整个空间，有别于多数家庭对固定收纳柜的喜爱，女主人反而排斥固定式家具，家中的柜子、沙发、桌子都是可移动的，能随着心情任意搭配。偶尔兴致上头，就让家具来个大变样，又是不同的面貌。

1 偌大的客厅中摆放着可移动的轻巧家具，可以随着季节和心情弹性调整，空间立刻焕然一新。2 从美国运回来的美丽布料制成了窗帘，红白色图腾与绿色墙面形成强烈的对比，特别引人注目。3 经过做旧处理的粉红色橱柜，让厨房完全成为女主人的天地，也为空间带来一丝率性与浪漫。

2

3

1

2

3

由淡渐浓，用色彩赋予空间能量

为了让空间保持开阔感，整体色彩设定为可以接纳各种颜色的基础调。采光良好的客厅，粉刷上淡雅的绿色，搭配宽版拼贴的深色木地板，一深一浅的配色拉出了丰富的视觉感。女主人特地从美国购回的布料，做成了客厅的大片窗帘，大片红色在沉稳的基调下更加引人注目。

餐厅浑厚扎实的木桌，以及一盏女主人从二手家具店淘来的复古水晶灯，勾勒出怀旧的用餐氛围。为了让墙面配色在视觉上有层次，并迎合木桌的配色，选择涂刷较为厚重的橄榄绿色墙面漆。从客厅的淡雅转进餐厅的沉稳，在不同的心情间转换，正是色彩赋予空间的能量。

私人空间，可优雅，可活力

通往房间的走廊处有一道大梁，于是设计了圆弧状拱门遮掩大梁的厚重感，温润空间线条。主卧床头仅在水蓝色的墙面上搭配利落的白色线板柱，维持率性风范。主卧布置简单大方，随意放置的抱枕，枕边欧式复古床头柜，衬托出优雅自在的氛围。儿童房的配色倒是大胆活泼，粉红配上鹅黄的线条式粉刷墙面，烘托着活力四射的房间。这是女主人特地为孩子设计的，期待孩子能在充满活力的氛围中茁壮成长。

空间是有生命力的，那股生命力来自主人的用心。就像对待植物那样，种下种子等待发芽的过程，缓慢却扎扎实实，如同生活一般，越是酝酿，越是丰富。

1 餐桌旁保留一处小空地，是女主人特意安排的游戏区，让她在料理或工作时都能看顾孩子。2 书房转换成沉静用色，稳重的深色书柜、地板，与透明单椅、黑色铁件文件柜，摩登之中又见复古。3 切换到餐厅，墙面成了橄榄绿，和客厅的浅绿形成对比，深浅落差造就了视觉上的风景。

1 儿童房用鹅黄和粉红刷成线条相间的墙面，房间布置简单却充满活力。2 儿童房规划了整墙的纯白衣柜，采用双开门式设计，减少打开柜门时占用的空间，并预留日后放置床铺和书桌等家具的空间。3 水蓝色主卧采光上佳，室内延续女主人偏爱的自由风，并未多做繁复设计。

tips.1 衣柜双开门式设计

衣柜使用双开折门设计，使用时可以将柜门推至最底，让整个柜子的内部一目了然，仿若置身于衣帽间中。当预算有限时，可以选购成品收纳抽屉取代五金配件，让收纳功能更灵活。

You can do this, too!

你也可以这样布置！

DO THIS / 1

随意堆放的抱枕，
让房间显得自在随心

利用一些织品小物立刻就能
改变空间氛围。譬如，将抱
枕随意摆放在沙发或地板
上，就能让房间自在起来。
而且，抱枕样式繁多，选择
多元。图腾花样搭配素色，
让房间显得更加活泼。

DO THIS / 2

窗帘布料作门帘，
保有隐私又可做装饰

主卧大门以格子窗展现美式
风格。为了保有隐私，特别
装上门帘。漂亮图腾花样的
布料既增添了门的柔美，又
装饰了房间。

取用WEDGWOOD①蓝与白
的色彩元素，搭配深色窗花纹
地毯，混搭出优雅与细致质感。

① 1759 年创立的陶瓷品牌，是世界上最具有英国传统的陶瓷艺术的象征。

带着老家具入住新窝，
延续家的味道和情感

本案是我们的老客户换房装修，
而这次的风格与旧家的活泼氛围完全不同，
改以沉稳宁静为主调。特别以蓝白骨瓷为色彩主题，
融入老物件与从旧家带过来的老家具，
延续房主一家人对家的情感和记忆。

风格素材计划 I
Stylish plan

———— Color ————

❶ 深蓝色 色调较重的深蓝色墙面，让书房拥有深沉宁静感。

❷ 浅紫色 在床头背墙漆上紫色作为主墙，带来一丝柔美。

❸ 浅棕色 以浅棕色在客厅、玄关等空间营造雅致氛围。

———— Material ————

❹❺ 30×30复古砖 在玄关运用大尺寸复古地砖，带来典雅与朴实的质感。

❻ 银狐石马赛克砖 雾面与亮面交替的砖面表现，为深色厨房注入些许清新与透亮。

❼ 灰咖橱柜门板 为了延续公共空间的深色调，厨房也用比较浓厚的灰咖啡色门板铺陈，展现低调优雅。

❽ 超耐磨田园橡木地板 无木结纹路，色系稳重，让空间更显简洁。

❼
Kitchen · 橱柜门板
Hiking Trail

Bedroom · cabinet
镀铬把手

Livingroom · furnishing
沙发布料

❻
Kitchen · wall
银狐石马赛克砖

Kitchen · door
不锈钢把手

全房 · door
门框

❽
Living room · floor
超耐磨田园橡木地板

全房 · ceiling
天花线板

Living room · furnishing
抱枕布料

Livingroom furnishing
抱枕布料

❹ Hallway · floor
30×30复古砖

❺ Hallway · floor
30×30复古砖

全房 · wall
踢脚线板

Bedroom · wall
Red Red Rose

Bedroom · wall
Orange Bisque

❶ Study · wall
Intercoastal

❷ Bedroom · wall
Rose Bouquee

❸ Living room · wall
Silk Moire

风格素材计划 2
Stylish plan

——— **Furniture** ———

❾ **Lee Broom 水晶玻璃吊灯** 以装饰性较强的水晶玻璃作吊灯灯罩,表面带有水晶切面,为空间注入些许华丽的元素。

❿ **Pottery Barn 深蓝布面沙发椅** 深蓝色且线条简单的美式沙发,带来放松休闲的氛围,与书房主墙的墙面浓度呼应。

⓫ **Pouf Marocain 摩洛哥椅** 以充满未来感的银色外皮包覆,为客厅制造一处亮点,可当脚凳或小孩座椅。

❾
Kitchen
Lee Broom 水晶玻璃吊灯

❿
Living room
Pottery Barn 深蓝布面沙发椅

+

⓫
Living room
Pouf Marocain 摩洛哥椅

玄关采用深浅交替的大块瓷砖斜向拼贴，具备引导动线的效果，且表达出沉静典雅的空间主张。

Home Data

台北市·新房
大楼·115.7 平方米
房主夫妻和 1 子 1 女·学术界

home **I2** 新旧融合，
继续下一个生活累积

早 在多年前，我们就与这位房主合作过，换房后需要装修，于是再次合
作。人会随着时间的演变而改变喜好，居住的空间自然也会随着历练
或需求的变化而出现不同的偏好。相较旧家的丰富配色和活泼的空间气氛，
这次的新房子多了分沉稳宁静。以此为前提，我们在房主的收藏品——蓝白
骨瓷餐盘中找到了答案，决定以蓝和白为空间定调，再以搭配其他深色对象
为辅，混搭出如WEDGWOOD骨瓷般的经典复古。

从收藏品中找到空间主调

我们选用蓝色沙发作为空间的点睛之物，用白色线板、格子窗、书柜边框等打底，表达蓝 & 白的色彩主题。女主人喜欢收集老物件、老家具，客厅的电视柜就是她珍藏的老物件，把老木箱当成茶几也来自于女主人的构想。为了融合蓝白色彩与老家具给人的视觉感受，更以复古的窗花纹深色地毯作为连结，旧物新用而不突兀。

这次装修时，家庭成员多了一位新生儿，无法和上次一样保持开放空间，格局配置上也必须重新思考定位。房主希望有 3 间卧室，外加一间书房。室内约 116 平方米，空间不算太小，所以即使原本并没有设置玄关，也可以规划出完整的玄关作为入门时的缓冲，且两侧各安排了坐榻和鞋柜，都非常实用。此外，为了避免因设置玄关而使房子显得狭小，特别用格子窗连接玄关与客厅，不但保有隐私，更能与客厅的窗户形成一进又一进的框景延伸，达到放大空间的效果。

1

tips
1

1 为了避免一进门即看透全房，特别在入门处规划玄关，并以格子窗连接客厅空间，制造既穿透又缓冲的效果。2 为了能够遮住窗外下半部的屋舍同时留住上半部的青山美景，用可以调整上下位置的蜂巢帘，亦兼顾了空间的采光。

书房成为空间的大型画作

　　爱阅读的夫妻俩有不少藏书，于是在沙发背后，客厅和书房的隔间墙外，规划了左右两面对称的书柜，摆放书籍、相框、摆饰。利用房主原有的生活物件，融入空间作装饰和收纳，展现居住者的日常生活，空间自然多了人味。书房安排在沙发背后，紧邻着客厅，利用玻璃拉门保持视觉开阔性。书房以深色墙面为背景，利用层板陈列收藏品，所构成的画面仿如客厅里的大型画作。

　　厨房是每家女主人最重视的场所，适当的配置与设计，不只能展现家的风格，也能让女主人尽情挥洒厨艺。相较于旧家的粉红色厨房，这次的橱柜改用深色，搭配白色中岛台面，且置入从旧家搬过来的浅色木餐桌，深浅色系融合成平稳的气息。

　　餐桌主灯是女主人从二手家具店淘而来的设计师灯款，光线透过美丽的雕花刻纹，创造出低调奢华的光晕效果，是深沉空间里的闪亮惊喜。

　　一个新家，虽然风格与旧家大不相同，但借由旧家具延续下来的对家的情感，让房主一家再度开启另一种生活累积。

tips.1 简化格子窗，保留风格元素又便于清洁

如果希望空间线条简单又不失美式元素，在设计玻璃格子窗时，可精简格子的数量，仅保留最上方的格状线条。这样也可避免因为格子过多而在隔条上出现灰尘累积的后果，方便清洁。

客厅沙发后方紧邻着书房。书房的深色主墙与层板陈列，映衬得书房仿佛是客厅的大型画作。

1

1 餐桌延用旧家原有的家具，原木色泽与深或浅色空间都可以搭配，这次则以深色作为厨房的主色调。2 书房选择用玻璃拉门作隔间，让空间运用更便利。3 书房墙面用色深沉，搭配两组深色书桌椅，有利于办公或阅读时集中注意力。

tips.2 旧家具融入新家的原则

沿用旧家具，除了节省部分购买新家具的开销，也能让空间保有旧家的记忆与温暖。但如何取舍旧家具呢？除了新旧风格必须搭配之外，是否符合空间尺寸也是一大考虑。

2

3

你也可以这样布置！

DO THIS / 1

利用画饰增加柜子的立体感

在公共空间里使用对称式的柜体设计，是英美风常见的设计手法。而这样的柜子往往成为空间的主墙，除了原有的书籍收纳、收藏摆饰之外，在立柱之间挂上壁灯或是在柜体层板挂上画饰，就能增加柜子的立体感。

DO THIS / 2

小幅画作直线排列的秩序美

在范围不大的小空间里，如果要用画作来丰富视觉，可以选择小尺寸的相框，且以直线排列，呈现线性美感，也与侧边的窗框相互呼应。

格子窗、复古抓扣皮沙
发和温润的木地板，交
织散发出英伦乡村气息。

13

白色格子窗＋复古皮沙发，
住进英伦乡村风的家

住了10年的老房子，因为孩子长大而必须有所改变。
也借此机会一次性解决原先厨房太小、书房太大、全家人挤一房的窘境。
格局设定好，就来实践房主一家最向往的英伦乡村风。

❶
Bedroom · wall
Peruvian yellow

Bathroom · floor
黑色釉面马赛克砖

Bedroom · wall
Greystone

❷
Bedroom · wall
Sonata

❸
Study · wall
Guild Grean

Bathroom · floor
4.7×4.7白色雾面小口砖

风格素材计划 I
Stylish plan

Kitchen · 中岛台面
柚木复合木贴皮

———— Color ————

❶ 浅奶茶色 公共空间以浅奶茶色为基底，衬托着木家具，让空间显得立体鲜明。

❷ 淡紫色 以主墙的概念仅在床头涂刷紫色，让空间淡雅又不失个性。

❸ 绿色 书房选用绿色，创造清新舒适的视觉效果。

Living room · wall
白色文化石

———— Material ————

❹ 六角复古蜂巢砖 厨房空间小，六角形的砖面能打破视觉限制，具有放大空间的效果。

❺ 松木实木木板 利用松木实木制作电视墙的平台，营造家的手感精神。

❻ 10×20 釉面砖 厨房使用稍具亮面色泽的釉面砖，打造鲜亮明快的料理环境。

❼ 超耐磨浅古木地板 具有深刻结实的肌理纹路，为空间增添质朴感。

❽ 台湾杉木 从木材行选购而来的杉木原木，锯成固定尺寸，堆叠出田园况味。

Living room · window
格纹棉质窗帘

❺
Living room · 电视墙平台
松木实木木板

Living room · window
棉麻窗纱

Bedroom · window
胡桃木色竹百叶

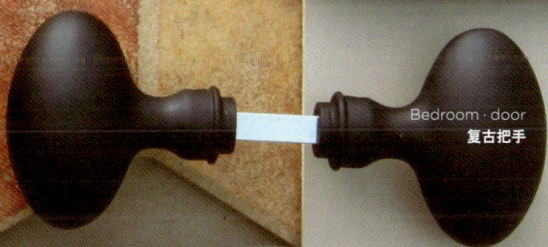

风格素材计划 2
Stylish plan

Furniture
---

❾ 黑色铸铁吊灯 强调乡村风的吊灯。灯具结构采用黑色铸铁设计，灯罩部分则是仿手工玻璃，营造出雾面朴实的质感。

❿ 双色温莎椅 乡村风的经典款式。采用双色设计，座位部分保留原色，其他部分皆以做旧刷白处理。

⓫ chesterfield sofa 英式古典沙发 英国传统的沙发款式，骨架多为樱桃木，包覆全真牛皮；钉扣缝制的菱形立体纹理，带来古典气息。

⓬ 深色洗炼风格茶几 与皮革沙发色调相近，在整体家具色系偏浅的情况下增添沉稳的氛围。

⓭ 工业风台灯 多用途的阅读灯，仿古的灯座充满浓厚的时代感，更添古典风味。

❾
Dining room
黑色铸铁吊灯

❿
Dining room
双色温莎椅

⓫
Living room
chesterfield sofa
英式古典沙发

+

⓬
Living room
深色洗炼风格茶几

+

⓭
Living room
工业风台灯

Home Data

台北市·二手房
大楼·71.07 平方米
房主夫妻和儿子·信息业

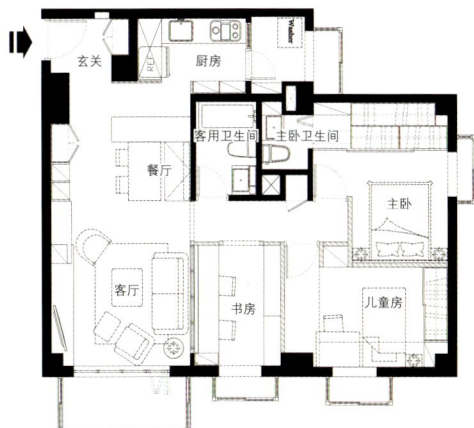

通往私人领域的走廊，虽然狭长，但从书房透出的光线让走廊显得通透光亮。

Home 13

十年屋翻新，用英伦乡村风重新定位家的风格

原本一家三口一起生活的家，是常见的公寓模样：白白的墙壁，四周堆放着杂物。当孩子长大，面临空间改变时，趁机将不符合家人需求的生活功能与动线重新设定。这样，既能满足对装修风格的期待，更能一次性解决原本家中收纳空间不足、厨房太小、书房空间又太大、主卧空间不足等面积分配不合理的问题。

客餐厅相连，采用深色地板，搭配白色墙面，深浅色拉出空间的层次感。

1 从厨房延伸出来的工作台，连接着餐桌，在有限空间内做出最好的配置。2 电视墙以简单的层板形式呈现，并在梁下的墙面内嵌收纳柜用来摆放CD等小物件。3 客厅的沙发和茶几是房主一家人一起选购的，形成家人共有的参与感。

美丽厨房成为全家人的定心剂

装修房屋时大刀阔斧地更改格局，首先得给女主人一个美丽的厨房，带来料理时的好心情。不改动厨房的位置，但将类似中岛的台面向外延伸，拓展厨房的领域。这样做菜时再也不用束手束脚，还能与家人产生更多互动。

原先的大书房也重新分配空间，划出一部分面积到儿童房。不过，因为儿童房和主卧相连的墙壁有梁柱，于是用了一点小技巧，让主卧在两间房相连的地方瓜分了一点儿童房的面积，这样多出来的空间刚好能做双层衣柜，让主卧的衣物有了收纳空间。因为家人之间感情很好，所以规划书房时，房主希望采用开放式设计，即使待在书房内也能和家人交流。于是以格状玻璃区隔空间，这样在书房中也能随时看到待在客厅和餐厅的家人。

tips.1 **实木堆叠，制造壁炉意象**

其实，受限于房屋面积，很难在台湾设置燃煤壁炉。如何制造不用烧柴，又能拥有壁炉意象的温暖氛围？只要在电视主墙嵌入一小块空间，堆放实木原木，立刻就能为空间加温。

1 餐厅中的大木桌，是餐桌也是临时工作区。有时一家人围坐在桌边聊天或做事，轻松又亲昵。2.3 白色格状玻璃轻巧地区分了书房和客厅，让这两处空间显得独立又串联。

1、2 通往各房间的走道，在视觉上保持一致性，使用白色让空间显得宽敞。电视墙是一面文化石墙，堆放着的木头营造出壁炉的意象。

以白为底，深色英式家具创造空间个性

解决了格局问题，接下来我们以家具营造风格。从房主喜爱的英伦乡村风出发，客厅选用深色的复古皮革沙发，搭配有着大马士革图腾的布质单椅，两者结合散发出优雅的英伦风气息。大面积的墙面铺以白色文化石；地面则以深色超耐磨地板为底。深色仿古的款式，除了映衬沙发的复古风格，共同诠释历经岁月与时光的悠悠氛围，还充分展现了休闲放松的居家调性。

重新分割空间面积后，保留使用功能，借由巧妙的动线安排让空间变得流畅了许多。例如设计后的厨房，通过改变材质和使用程序的再造与安排，完成了美观与实用兼具的任务，自然提升了使用的好心情。而开放式的餐厨连接客厅，增加了全家人的互动，也让感情更加融洽。

摆脱过去的狭小昏暗，厨房变得宽敞明亮，让下厨者可以更自在地享受快乐的烹饪时光。

1 带有美式纽约风的卫浴，在黑白配色之间吐露个性。2 优雅的墙面颜色，烘托出主卧的高雅氛围。3 色彩具有画龙点睛之效，仅一面黄色墙面，就让房间显得活泼许多。

1

2

3

你也可以这样布置!

DO THIS / **2**

书架身兼展示架

层架式的书柜,一整条的收纳空间看起来
大气美观。除了收纳藏书,也可以放置收
藏品、家人的合照等小物件。整体视觉多
一些变化,空间感就更加丰富。

DO THIS / **1**

家具搭配得宜,就是角落风景

深色三人沙发搭上带有些许奢华感的巴洛克花
纹单人沙发,虽然同是深色,但因有深浅之
分,能拉出视觉落差,营造出角落独有的氛
围。

DO THIS / **3**

善用小物件做好收纳

如果卫生间外还有空间,其实可以设置层
板搭配藤篮,依次放入不同种类的收纳
物,如毛巾或日用品等。在这之前花点时
间分类,无形中就能做好收纳了。

以大量书籍堆出家的生活
氛围，简约雅致的家具将
气氛烘托得更加柔和。

就是爱与书为伴，
给家温暖乡村风

一趟德国的探亲之旅，房主喜欢上了德国居家被书架满满包围的家设计。
喜爱田园气息的房主，一开始就希望客厅的主墙就是大书墙；
还坚持还原外推的阳台，为的就是莳花弄草。
如此向往书香和绿意为伴的一家人，当然最适合乡村风了。

风格素材计划 I
Stylish plan

———— Color ————

❶ **奶茶色** 客厅选用温润的奶茶色作为基调，与木质空间融合得恰到好处。

❷ **橘红** 女孩房选用年轻有活力的橘红，充满青春气息。

❸ **蓝色** 天空蓝清爽舒适，是适合男孩的色系。

———— Material ————

❹ **柚木复合板** 厨房台面选用木纹材质，与白色釉面砖搭配，更显清新质朴。

❺ **波斯灰大理石** 卫浴延续整体的质朴风格，选用略带纹理的波斯灰大理石与墙面和地面的复古砖相呼应。

❻ **45×45复古砖** 厨房地板使用大片复古砖，外围搭配小型砖，营造出区域感。

———— Furnishing ————

❼ **条纹棉质窗帘** 条纹布帘为宁静的空间带来些许活力。

Bathroom · floor
10×10马雅石复古砖

Kitchen · cabinet
仿古铜把手

Hallway · floor
10×10马雅石复古砖

Bathroom · floor
10×10马雅石复古砖

Bathroom · wall
洞石马赛克砖

Living room · 客厅装饰
台湾杉木

❻

Kitchen · floor
45×45复古砖

❶
Living room · wall
Park Loop

❷
Bedroom · wall
Persimmon

❸
Bedroom · wall
Alice Blue

❹
Kitchen · 台面
柚木复合板

Living room · window
胡桃木色竹百叶

Bedroom · window
白色竹百叶

❺
Bathroom · 台面
波斯灰大理石

Bathroom · wall
白色釉面立体砖

❼
Living room · window
条纹棉质窗帘

Living room · floor
超耐磨原色复古橡木地板

Bedroom · floor
超耐磨白色脂松地板

全房 · wall
踢脚线板

风格素材计划 2
Stylish plan

—————— **Furniture** ——————

❽ **白色温莎椅** 温莎椅椅背上的圆杆呈漂亮的扇形排列，不但视觉上感觉轻盈，坐起来也相当舒适。白色色泽与质朴的空间十分搭调。

❾ **黑色格纹单椅** 长型沙发选用素白色彩，主人椅则以黑白格纹布料再添质感层次。

❿ **紫色厚实布沙发** 选用紫色厚实的女人椅，作为木质空间的鲜明跳色。

⓫ **乡村风玄关椅** 做旧处理、造型和线条优雅的白色玄关椅，一进门就呈现出地道的乡村风。

❽
Living room
白色温莎椅

❾
Living room
黑色格纹单椅

❿
Living room
紫色厚实布沙发

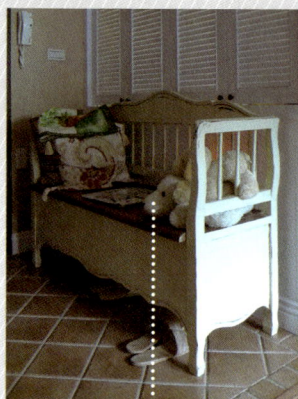

⓫
Hallway
乡村风玄关椅

Home Data

台北市·二手房
大楼·102.48 平方米
房主夫妻和 1 子 1 女·教育界

进入空间的过渡，在玄关处摆放换鞋椅，一进门就感受得到温暖贴心。

home 14 一场德国之旅，决定家的样貌

每设计一个案例都像经历一场惊喜，每个房主的故事都造就出不同的生活空间。就像本案的房主，不只藏书丰富需要大书柜，对于如何藏书早就因为一场旅行有了愿景。房主的弟弟居住在德国，房主曾在德国旅游时看到弟弟家的藏书方式融于室内设计中，随处都有书架，甚至连靠近天花板处都有，像是整个房子都被书籍环绕，勾勒出房主对家的期待。

三种门，串联界定四空间

这套房子是老房子翻新的案例。在空间格局上，设计了一些巧妙的安排。一进门的玄关原本是搁置的状态，我们利用木格栅窗将玄关与餐厅隔开，作为缓冲空间。为避免油烟散逸，餐厅与厨房又以格子门作弹性区隔。看似分隔独立的空间，在穿透的门扉设计下独立又串联。

另外，房主需要一个能静心阅读的角落。考虑到如果将其安排在动线中，则可能因为家人走动而受到干扰。因此，我们将书房安排在平日走动频率不高的门口。书房连接玄关的门则做成折门，打开时可以直接看到餐厅和厨房，让女主人在烹饪时也能掌握家中人员的进出情况。

1 ˝满˝是我们对本案的反向思考。看着整个房子因为书籍和其他物件而丰富,生活感也充满了整个空间。2 乡村风可以通过原木截面、实木平台等较为粗犷原始的材质来展现。

tips 1

用文化石主墙　定调乡村风

　　原本客厅因为阳台外推，显得较宽敞，但房主希望能向后缩回空间，空出阳台种植花草。其实这和我们的理念是一致的。在台湾，很多人都喜欢外推阳台，希望争取几平方米的空间，但越往外推，和对面邻居的距离就越近。如果原本就和周围的房子离得很近，到了夜晚对面室内的风景就会一览无遗。因此，在设计初期最先定下来的就是将阳台向后退缩，再以格状落地窗引进光线。阳台摆放数盆大型盆栽，白天观赏绿叶；晚上则能发挥遮蔽效果。

　　电视主墙以圆弧造型的文化石墙面，柔化从玄关转入的直角线条，并具备引导动线的效果。主墙层板下堆放着大量的原木，即使不设置壁炉，也能营造出温暖意象。在家具的选择上，以木质和白色为主轴，如白色沙发、温莎椅和茶几等，将乡村风展露无遗。

1 玄关的侧边是书房，利用折门式窗户让空间多一些弹性。2 带有乡村风气息的厨房，有着温润的原木台面，让厨房的温暖感受更加饱满。3 利用格状栅栏作区隔，视野可以到达玄关和客厅，也拉开置身餐厅时的拥挤感。

tips.1 **用门决定开与不开之间**
近几年流行开放式空间，但由于使用习惯，有些人还是喜欢用有遮蔽感的隔间分隔不同的空间，这时我们会建议采用折门等比较有弹性的活动分隔方式，并根据使用需求做调整。

用色彩装点空间趣味

　　本案房子层高较高，设计每个房间的门时，如果要迎合层高，门板就会显得太窄，不够美观；如果按照一般的门设计高度，视觉上又显单薄。恰巧每个房间的配色都很鲜明，因此在每个卧室的门的顶端设计了固定窗。从客厅朝通往房间的走道望去，一眼就可以看到每个房间的颜色，让空间与空间产生趣味的对话。

　　从房间的配色能隐约看出房间主人的个性。主卧为呼应房主夫妻稳健的个性，漆上了温暖柔和的奶茶色。儿子需求很单纯，只希望是蓝色，展现随和的一面。当时正就读高一的房主女儿，个性活泼、有想法，于是我们选用了较为大胆的橘红色系作为女儿房的色调，以突显她的个性。

1 主卧利用建筑体的凸窗设计卧榻增加房间深度，线板与百叶的乡村元素让房间更加温馨。2. 3 善用儿童房的好采光，大胆使用强烈的色彩，突显孩子性格与喜好的同时，高彩度也不会带来压迫感。

1、2 从每间房门上方的格窗设计，可以看到各个房间的不同用色，增加空间的流动感。3 卫生间地板以10×10复古砖双色拼贴，渲染出朴实的质地，也温润了足部踩踏的触感。

You can do this, too!

你也可以这样布置！

DO THIS / **2**

厨房里的备忘小黑板

厨房旁的角落设立一个用黑板漆漆成的小
型留言板，让房主随手写下食谱、食材备
忘或是给家人的贴心话语。放一些小型的
盆栽，则能带来好心情。

DO THIS / **1**

双面钟是乡村风的必备元素之一

女主人特地在公共空间的中间点放置了时钟，
温柔地向四面八方指示时间。特意挑选的双面
钟，是乡村风的必备元素之一。复古细致的罗
马数字，同样是家的装饰。

DO THIS / **3**

给家一个记录生活的平台

生活中常会有一些生活写真或收藏品，把
它们展示出来，融入日常，就能轻松营造
生活感。在玄关、客厅、书柜留一方空间
作为记录生活的平台，还可以依心情或季
节更换场景，增添生活情趣。

面包师的手感自然家

身为面包师，拥有一个可以让他尽情做面包的中岛厨房是他对家的期待。
他还特别挑选三面采光的好房子，让他彻底实现如此伴着阳光与面包香的美好住宅！

面包师的梦幻厨房，在这
里一边做面包，一边享受
阳光，多么美好！

风格素材计划 I
Stylish plan

———— Color ————

❶ **淡奶茶色** 喜欢宁静感的生活氛围,纯白色又显得单调,于是运用温暖清雅的奶茶色贯穿全房。

❷ **藤色** 清新的藤色运用在卧室,营造自在放松的睡眠环境。

———— Material ————

❸ **橄榄绿釉面立体砖** 大块拼贴的橄榄绿立体瓷砖为卫生间带来古典气息。

❹ **白橡木复合板** 选用未上漆的实木台面,营造干净清爽的视觉感受。

❺ **黑檀木贴皮** 卫生间洗手台选用黑檀木贴皮,搭配橄榄绿瓷砖,呈现仿若优雅绅士般的沉稳空间。

❻ **胡桃木色竹百叶** 竹子较薄,赋予大面窗景轻盈的质感。

———— Furnishing ————

❼ **米白棉质沙发布** 在强调清与浅的空间调性里,选用米白色棉布作为沙发布料,与公共空间的奶茶色融为一体。

Kitchen · cabinet
镀铬把手

❼
Living room · window
米白棉质沙发布

全房 · door
门框

Living room · floor
超耐磨田园橡木地板

❶
Living room · wall
Safari Bisque

❷
Bedroom · wall
藤色

❸
Bathroom · wall
橄榄绿釉面立体砖

❹
Kitchen · 台面
白橡木复合板

Kitchen · 台面
粗砂砾人造石

❻
Living room · window
胡桃木色竹百叶

❺
Bathroom · 台面
黑檀木贴皮

Bathroom · floor
白色雾面六角马赛克砖

Bathroom
镀铬墙面出水水龙头

Bedroom · 书桌台面
洗白橡木木贴皮

全房 · wall
踢脚线板

Bathroom · 台面
金镶玉大理石

风格素材计划 2

Stylish plan

———————— **Furniture** ————————

❽ 简朴风吊灯 手工玻璃配上铸铁质感的骨架构造，呼应简单与朴实的空间调性。

❾ 工业风立灯 充满历史感的灯饰，金属做旧的质感，与温润空间更相融。

❿ 米色 L 型沙发 线条简单的 L 型沙发，搭配较为淡雅的色调，让空间清新又温暖。

⓫ 复古风书报架 充满复古风的书报架，摆放在客厅取代边桌，解决后者造成的走动不便问题。

❽
Kitchen
简朴风吊灯

❾
Living room
工业风立灯

❿
Living room
米色 L 型沙发

⓫
Living room
复古风格书报架

Home Data

台北市·二手房
大楼·56.2 平方米
房主·面包师

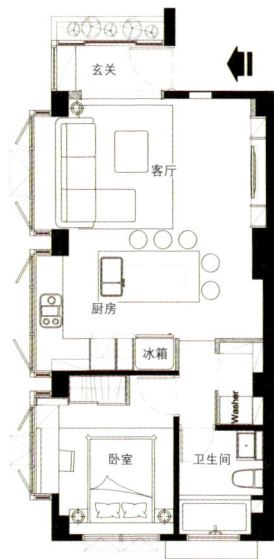

走进小玄关，阳光洒满了脸，映入眼帘的是白色鞋柜、原木百叶窗和绿意盆栽，交织出小风光。

home 15
伴随阳光和面包香的
温暖清新宅

这 位房主很特别，是一位对做面包有着高度坚持的面包师，讲求做事效率，也非常爱干净。因为房主一个人居住，不需要太多的房间，所以自由开放自然是最好的空间提案。再加上房子本身拥有三面采光的好条件，要拥有阳光充足且宽敞的客厅，并且和他最常使用的餐厨空间串联在一起，是他对新家的设定。

1

白色、淡奶茶色与阳光的奏鸣曲

沟通过程中，随着房主清楚明确地表达需求，我们渐渐了解了他的喜好和个性，反而在设计规划上更能掌握方向。其实有着阳光外型的房主，在简练个性的背后蕴藏温柔，于是以温暖的淡奶茶色搭配白色为空间的基础色调。

从玄关处，先以白色柜体和原木百叶窗帘搭配绿色盆栽开启入门画面。在光线充裕的白天，小巧的玄关洒满了阳光，一踏进门就感受到了温暖。客厅保持清爽宽敞，且大多延用旧家具，省去添购家具的费用。

房主喜欢"轻"和"浅"的感觉，所以除了空间色调清淡，沙发也选择纯净的白色，营造空间的放松感。

1 无隔间的开放式设计，一眼就望穿客、餐厅；不想浪费阳光地把日光纳入室内，而奶茶色的墙面更添加家的温度。2 空间应该依照条件和习惯而变动，顺应房主热衷玩电子游戏的喜好，客厅舍去茶几，释放出大块空间。3 客厅以白色木柜体收纳电视，两侧则是可摆放杂物的立式收纳柜。

中岛台面连接了厨房和客厅，家人或友人来访时，
都可围绕着台面聊天嬉笑。

tips **1**

1

tips **2**

厨房是空间的一切

此外，热爱做面包的房主最重视的空间自然是厨房，而大中岛厨房更是他梦寐以求的。中岛下方要有可收纳红酒的空间，于是将中岛台面的尺寸改为约110厘米×230厘米，比一般的尺寸大一些，宽裕的料理台面也更加好用。为了方便他选择与取放锅具，我们在料理台下方设计了无柜门的抽屉式铁网，提升便利性。

生活简单 空间跟着简单起来

崇尚简单生活的房主本身没有太多的衣物和收藏品。设计卧室时，倒因此节省了设置大片衣橱的空间，仅需要小衣橱就能收纳全部衣物。在卫生间的配色上，房主早有概念。原来房主多年前在国外旅游时，见过有着绿色墙面搭配深色木柜体的卫浴空间后，心中就将其认定为理想的卫浴模样。满足房主对家的期望，正是我们的期待。卫生间的墙面，我们建议选用橄榄绿瓷砖，搭配深色原木镜框和洗手台支架，不但迎合了房主的期待，还利用亮面瓷砖构建出明亮有质感的卫浴风貌。

整体空间因为拥有三面采光，需要大量窗户，于是一律用原木色百叶窗帘搭配色调素净的室内，增添些许温暖，也让不同的空间因为有着相同元素的配件产生关联。在相同元素的串联下，各个空间各自独立着，当房主置身其中，家的故事就开始了。

---

tips.1 **中岛是料理台兼餐桌**

房主重视厨房，厨房占据的空间和相同面积房子的厨房相比，的确大了许多。房主一个人居住，正好舍弃餐桌的需求。以厚实原木做成的大中岛兼作用餐的桌面，触摸着温润原木用餐，反而更好。

tips.2 镂空的锅具收纳架保持通风

从事餐饮业人都喜欢将锅具放在通风处。其实这样比较有利于保养锅具毕竟一般人很少会等锅完全沥干水后再收起来。因此，如果放置锅具的架子通风，就能较快风干锅具，尤其是陶锅和不锈钢锅。

---

1 身为面包师，即使在家也要享受揉制面包的面粉香。利用厚实的原木当中岛台面，既可当餐桌，又是揉制面团的绝佳台面。2 在厨房动线设计上，建议把灶台面规划在窗口，既是出于油烟通风的考虑，又丰富了做菜时的视野。3 中岛吧台的下方空间除了既定的排水管处，都特地安排了抽屉增加收纳，还将藏酒柜与吧台结合，赋予多重使用功能。

1

1 房主把空间留给最常使用的公共空间，面对实际面积不大的卧室，运用充足的采光破解局促的格局，完美的采光能够带出宽阔感。2 房主不喜欢繁复的装饰，卧室家饰仅用不同的浅色做视觉层次，平淡中带着品位。3 亮面橄榄绿壁砖、深色柜体，实现房主心目中的卫浴模样。与卧室同样采用白色格状外推窗，赋予空间优雅之感。

2

3

你也可以这样布置！

DO THIS / **1**

大地毯增添活泼温馨又界定空间

空间里有很多家具都是房主的旧家具，包括客厅的超大波斯地毯。这块地毯恰巧为色调清浅的空间增添了活泼元素，同时丰富视觉感受。如此大面积的地毯也肩负起界定玄关与客厅的角色，一物多用。

DO THIS / **2**

抱枕软装疗愈人心

取用空间里的两项大面积色彩：奶茶色与木百叶的咖啡色系，特意找寻咖啡色格状的抱枕点缀。有时夜间不需要照亮整个房间，开盏立灯，窝在沙发边看本书，就是一种享受。

DO THIS / **3**

生活一点绿　活跃空间氛围

阳光充足的住宅特别适合在室内摆放大型盆栽，为色调清浅的空间增添绿意与生气。入门玄关端景，更可以随季节或心情插上不同的鲜花，简单随兴就能制造出入门的好感觉。

图书在版编目(CIP)数据

住进英伦风的家/齐舍设计事务所著.—海口：南
海出版公司，2015.2
ISBN 978-7-5442-7504-0

Ⅰ.①住…　Ⅱ.①齐…　Ⅲ.①住宅－室内装饰设计
Ⅳ.①TU241

中国版本图书馆CIP数据核字(2014)第252568号

著作权合同登记号　图字：30-2014-141

住进英伦风的家 © 2014 齐舍设计事务所
中文简体字版 © 2014 新经典文化股份有限公司
由大雁文化事业股份有限公司 原点出版 独家授权出版

住进英伦风的家

齐舍设计事务所 著

出　　版　南海出版公司　(0898)66568511
　　　　　海口市海秀中路51号星华大厦五楼　邮编 570206
发　　行　新经典发行有限公司
　　　　　电话(010)68423599　邮箱 editor@readinglife.com
经　　销　新华书店

责任编辑　崔莲花
特邀编辑　余雯婧
装帧设计　段　然
内文制作　博远文化

印　　刷　北京顺诚彩色印刷有限公司
开　　本　710毫米×1000毫米　1/16
印　　张　15.5
字　　数　230千
版　　次　2015年2月第1版
　　　　　2015年2月第1次印刷
书　　号　ISBN 978-7-5442-7504-0
定　　价　49.00元

后 记

　　在本书的写作过程中，得到了广东省教育厅原巡视员李小鲁教授、广东省教育研究院院长汤贞敏同志、广东省教育厅组织处调研员杨承德和思想政治教育处副处长朱建华等同志的关注和支持，尤其是李小鲁教授亲自为本书作序，给予介绍和推荐；得到了广州华南商贸职业学院三位董事长许诚、许成宽、许成国的厚爱和支持，尤其是许成国董事长提出了必要的修改意见，又增添了一些重要内容，使本书的内容更加丰富；得到了广州华南商贸职业学院张德扬院长、梅玲书记、宋翎副书记等院领导的重视和支持，尤其是受到张德扬院长在广州华南商贸职业学院提出并实施的"人品塑造工程"的启发，使笔者进一步获得了灵感和激情，得以顺利完成此书的写作，并能够将此书作为学院实施"人品塑造工程"的辅助读物予以出版；得到了广州华南商贸职业学院李秀金、邹小焱、王刚强等老师的关心和支持，在此一并表示深深的谢意！并向为本书审稿、编辑、校对、印刷和出版发行的各位同志致谢！

　　本书试图搭建一个与当代大学生之间精神交流的平台，希广大读者读过本书后，能够有一点点感悟，增加一点点智慧，从而不断提升自我、完善自我，这也是笔者的愿望所在。鉴于笔者水平所限，书中错漏之处，敬请各位读者批评指正！

张自力

2014 年 3 月